Abdessalem BADRI

CRISTALLOGRAFIA para as aulas preparatórias

AF301651

Abdessalem BADRI

CRISTALLOGRAFIA para as aulas preparatórias

Conceitos básicos; Difração de raios X; Pilhas; Cristais metálicos, iónicos e covalentes

ScienciaScripts

Imprint
Any brand names and product names mentioned in this book are subject to trademark, brand or patent protection and are trademarks or registered trademarks of their respective holders. The use of brand names, product names, common names, trade names, product descriptions etc. even without a particular marking in this work is in no way to be construed to mean that such names may be regarded as unrestricted in respect of trademark and brand protection legislation and could thus be used by anyone.

Cover image: www.ingimage.com

This book is a translation from the original published under ISBN 978-620-6-70629-8.

Publisher:
Sciencia Scripts
is a trademark of
Dodo Books Indian Ocean Ltd. and OmniScriptum S.R.L publishing group

120 High Road, East Finchley, London, N2 9ED, United Kingdom
Str. Armeneasca 28/1, office 1, Chisinau MD-2012, Republic of Moldova, Europe
Printed at: see last page
ISBN: 978-620-7-71127-7

Copyright © Abdessalem BADRI
Copyright © 2024 Dodo Books Indian Ocean Ltd. and OmniScriptum S.R.L publishing group

Conteúdo

Introdução e conceitos básicos de cristalografia

CAPÍTULO1

Introdução e conceitos básicos de cristalografia

I. Estado físico da matéria

Estados da matéria

o gás é fluido, expansivo e desordenado
o líquido é fluido, condensado e desordenado
o sólido é condensado, rígido e geralmente ordenado

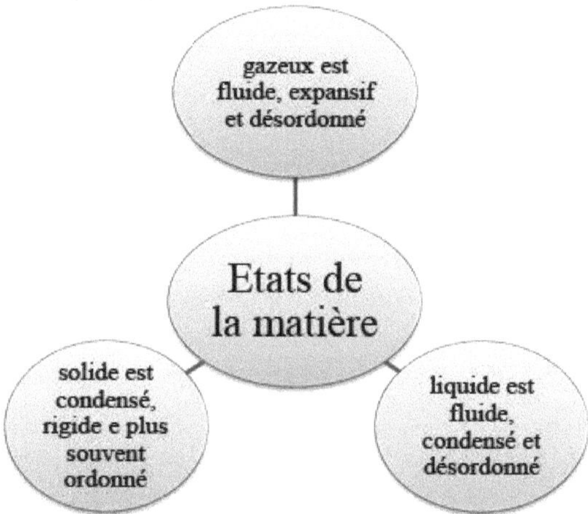

O estado sólido subdivide-se em duas categorias.

I.1 Sólido cristalino

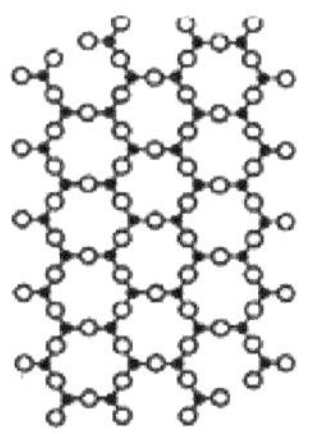

Figura 1: sio2 **(cristalino)** [1].

Corresponde a um conjunto regular (*estado ordenado*) à escala microscópica (Fig.1), ou seja, a uma repetição de uma unidade de base a grandes distâncias em relação às distâncias interatómicas. Caracterizam-se por :

Uma temperatura de cristalização e de fusão puramente definida. (Fase de mudança de estado sob pressão fixa). Propriedades físicas anisotrópicas ligadas à sua estrutura (por exemplo, condução eléctrica ou facilidade de clivagem numa direção específica).

Resistência, elasticidade, condutividade eléctrica, condutividade térmica... etc.

1.2.Sólido amorfo

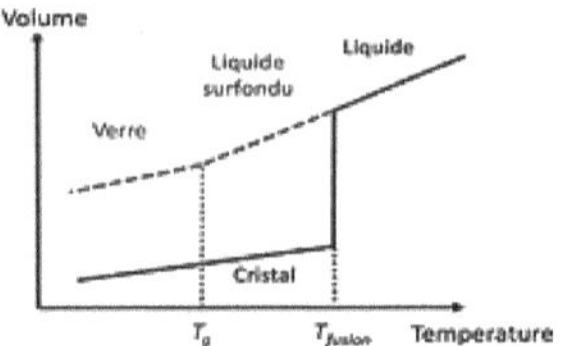

2.   Figura 2: Variação do volume em função da temperatura para sólidos amorfos e cristalinos [2].
3.   Temperatura de transição vítrea: Tg=1473 K.
4.   Temperatura de fusão: Tmelt=1996 K.

Não está organizado espacialmente (*estado desordenado).   estado desordenado)   (Fig.3) das entidades
(iões, moléculas).

✓ Não existe um ponto de fusão com temperatura crítica

✓ Amolece gradualmente com o aquecimento e transforma-se num líquido viscoso.

✓ As propriedades físicas de um corpo amorfo são isotrópicas (as mesmas em todas as direcções).

Exemplo: vidro, polímeros, etc.

Figura 3: SiO_2 em vidro (**amorfo**). [1]

4.2.Cristal perfeito

Nos sólidos cristalinos, a organização dos átomos é perfeitamente regular. O estado puramente teórico do **cristal perfeito** é o de um cristal que se repete infinitamente de forma idêntica em todas as direcções do espaço, o que implica também a ausência de qualquer impureza (*estado de ordem perfeita*). Todos os sólidos se situam de facto entre estes dois estados limites (perfeitamente regular e puramente aleatório).

4.3.Classificação dos diferentes tipos de cristais

Três factores principais, que não são independentes, determinam o tipo de cristal:

•   *O fator químico*

Isto está relacionado com as posições na tabela periódica e, por conseguinte, com as electronegatividades relativas dos átomos no cristal, que são decisivas para a ligação de valência.

- *O fator estérico*

Devido ao volume de átomos e iões, cuja influência é predominante na formação de cristais iónicos.

- *O fator eletrónico*

Isto deve-se ao número de electrões nas camadas de valência, que tem a maior influência nas estruturas covalentes.

Os cristais são classificados de acordo com a interação responsável pela coesão do cristal:

a) Cristais de ligação forte

- Cristais metálicos

A ligação metálica (Fig.4) é estabelecida entre átomos com baixa eletronegatividade e poucos electrões na sua camada externa (1, 2 ou 3 electrões).

- agrupamento de electrões não em 2 átomos, mas num número ilimitado de átomos: fenómeno de deslocalização dos electrões em toda a amostra - não dirigidos no espaço.

Modelo da ligação metálica :

Quando a ligação é formada, os átomos metálicos perdem a influência sobre os seus electrões exteriores: tornam-se assim iões positivos cujas posições, se o metal for sólido, são fixas umas em relação às outras. Os electrões exteriores são deslocalizados e comportam-se como se estivessem livres, embora permaneçam na amostra.

Um metal pode ser descrito como um conjunto de iões positivos banhados por uma fraca nuvem (ou mar) de electrões, cujos electrões são facilmente móveis, daí a elevada condutividade eléctrica dos metais.

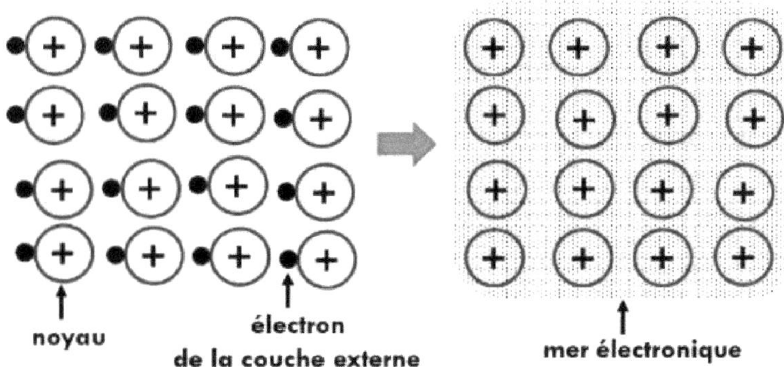

Figura 4: Formação de ligações metálicas

Exemplo: Fe(s), Cu(s) e ligas metálicas como Ag_xCu_y.

- **Cristais iónicos**

As ligações iónicas (Fig.5) resultam de interacções electrostáticas entre iões de carga oposta.

Quando a diferença de eletronegatividade entre os dois átomos é suficientemente grande, o primeiro átomo é capaz de capturar os electrões de valência do outro átomo. O resultado é um ião positivo (baixa energia de ionização) e um ião negativo (elevada afinidade eletrónica). Como cargas opostas se atraem, os dois iões ficam ligados um ao outro. Um átomo que cede electrões de valência tem apenas um pequeno número de electrões na sua camada mais externa e, frequentemente, oito electrões na penúltima camada. Quando cede os seus electrões de valência, atinge a configuração de gás raro.

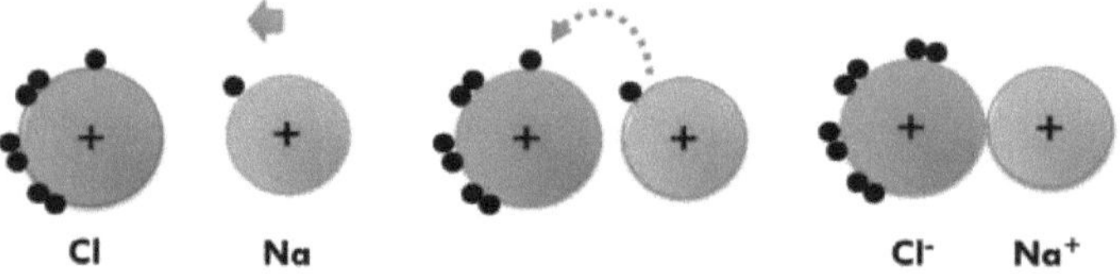

Figura 5: Formação de ligações iónicas no cristal de NaCl(s).

Exemplo: CsBr(s), NaCl(s), CaF_2, CaO, etc.

- **Cristais covalentes**

A ligação covalente (Fig.6) é obtida **pela sobreposição de orbitais atómicas** associadas aos electrões de valência dos átomos ligados. A sobreposição dá origem a estados colectivos de electrões em que as energias potencial e cinética dos electrões são minimizadas.

A densidade da probabilidade de os electrões estarem presentes nos estados de ligação é máxima entre os átomos ligados entre si. Assim, a ligação covalente pode ser vista **como a partilha de dois electrões pelos átomos ligados, com cada átomo a contribuir com um eletrão.**

As ligações covalentes **são direccionais**. A geometria das ligações é determinada pela dependência angular das orbitais atómicas, sejam elas puras ou híbridas [3].

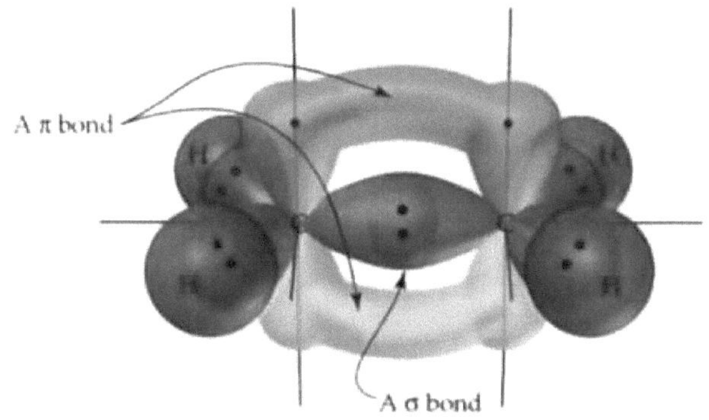

Figura 6: Formação de ligações covalentes.

Ligações iónico-covalentes

Um grande número de compostos tem ligações com características tanto iónicas como covalentes. Uma ligação covalente que envolva dois átomos de natureza química diferente não pode ser perfeitamente simétrica, principalmente devido à diferença de electronegatividades. Neste caso, a distribuição eletrónica da ligação é deslocada para o átomo com a eletronegatividade mais forte, dando à ligação um carácter iónico.

Exemplo: C(s), SiO2 (quartzo).

b) Cristais com ligações fracas

- Cristais moleculares

Ligação de hidrogénio

- ocorre quando um átomo eletronegativo (com um ou mais doublets livres) se encontra na vizinhança de um átomo de hidrogénio ligado covalentemente a outro átomo eletronegativo.

- direcionado para o espaço.

- ligações H intramoleculares e intermoleculares

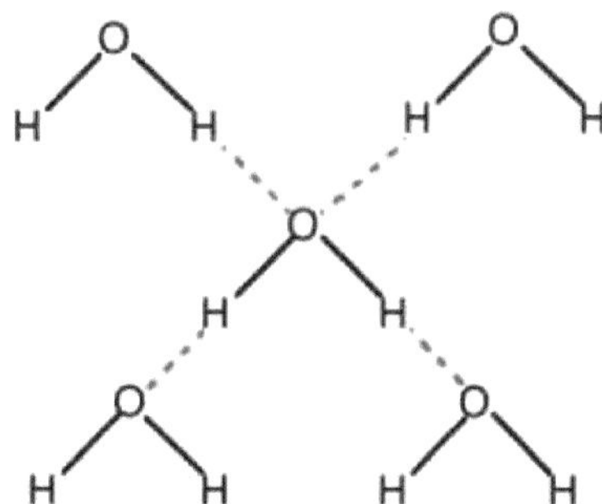

Formação de ligações de hidrogénio. [4]

[4] K. Ilhem, ligação química, Universidade Farhat Abbas.

Ligações de Van der Waals
- geralmente muito baixo
- resultam da atração entre dipolos eléctricos permanentes (para moléculas polares) ou dipolos induzidos em átomos ou moléculas.
- não dirigida no espaço.

3 tipos de ligações de Van der Waals :
- Atração entre dipolos permanentes em moléculas polares: *forças de Keesom*
- Atração entre dipolos permanentes (moléculas polares) e dipolos induzidos em moléculas não polares (induzidos por dipolos permanentes em moléculas polares): *Forças de Debye.*
- Atração entre moléculas não polares, devido à polarizabilidade das moléculas ou dos átomos: a interação mais fundamental das 3, uma vez que ainda existe: *forças de dispersão de London.*

Exemplo: $I_2(S)$, $CO_2(s)$ e $H_2O(s)$.

1.4.Tamanho

Na maioria dos sólidos cristalinos metálicos, iónicos e covalentes, a ligação forte é **tridimensional (3D)**. É o caso da prata, do cloreto de sódio e do diamante. Este facto confere aos materiais determinadas propriedades (elevado ponto de fusão, dureza, etc.). Alguns sólidos têm uma configuração **bidimensional (2D)** envolvendo planos paralelos chamados "folhas". As ligações interatómicas nas folhas são mais fortes do que as ligações entre elas. Estes sólidos são facilmente clivados (grafite, variedade do carbono). Alguns materiais cristalizados têm **uma** estrutura **unidimensional (1D), com** ligações fortes que surgem ao longo de um único eixo. É o caso das cadeias poliméricas de ADN.

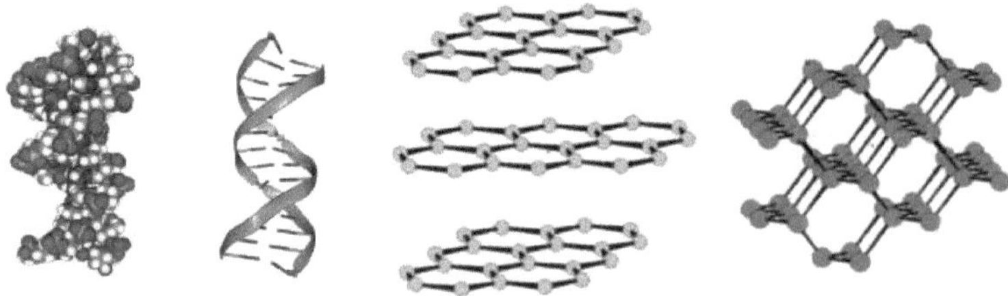

Estrutura do ADN: Estrutura **unidimensional** 2D do carbono grafite: Estrutura 3D do carbono diamante:
(1D) Bidimensional (2D) Tridimensional (3D)

II. Noções básicas de cristalografia

1.1.Descrição de um cristal

a) Conceção

O padrão é a mais pequena entidade discernível que é repetida periodicamente por traduções no cristal (átomo, ião, molécula, etc.).

b) Reseau

A descrição da estrutura cristalina pode ser simplificada substituindo os padrões por pontos denominados mends. A disposição periódica das dobras é chamada de rede cristalina.

A origem da rede pode ser escolhida arbitrariamente.

O período de repetição do padrão é definido por dois ou três vectores não colineares a, b e c, consoante a rede seja bidimensional ou tridimensional.

Qualquer transição do vetor $t = ua + vb + wc$ ***com u, v e w números inteiros relativos, faz coincidir o sistema periódico consigo próprio.***

> ***Estrutura cristalina = rede cristalina + padrão.***

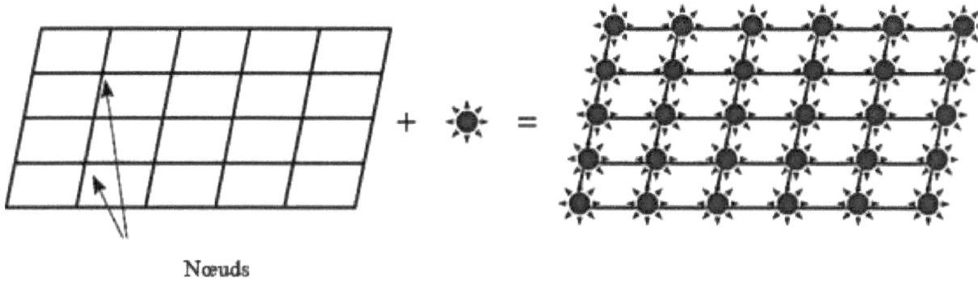

Nós

Padrão de rede cristalina Estrutura cristalina

c) Malha

Uma malha é uma parte finita do espaço, por translação da qual o padrão cristalino pode ser reproduzido ad infinitum.

Numa estrutura cristalina tridimensional, a malha é o paralelepípedo mais pequeno construído a partir de uma origem e dos 3 vectores de translação a, b e c (referência direta). É definida por 6 parâmetros (3 comprimentos e 3 ângulos no cristal.

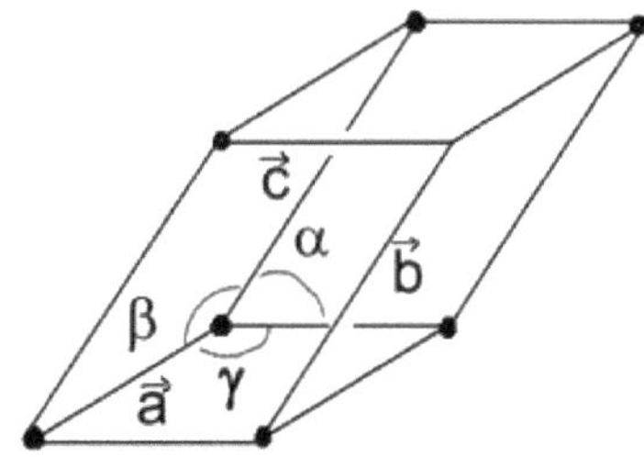

$(\vec{a}, \vec{b}, \vec{c})$ Parâmetros da malha: 3 vectores e 3 ângulos (α, β, γ).

As translações são escolhidas de modo a passar do padrão para um padrão idêntico). Este padrão pode ser um átomo, uma molécula ou um grupo de átomos, moléculas ou iões. Na maioria dos casos, corresponde à fórmula química (unidade ou grupo de formas).

Um ponto, talvez:

✓ **Simples**: os nós da rede são fundidos com os vértices da malha.

✓ **Múltiplas**: a malha também tem sestas noutros pontos.

O volume da malha pode, em alternativa, ser definido como o produto escalar de um vetor de base e o produto vetorial dos outros dois vectores:

$$V = (\vec{a} \wedge \vec{b}).\vec{c} = (\vec{a} \wedge \vec{c}).\vec{b} = (\vec{b} \wedge \vec{c}).\vec{a}$$

Como o volume de uma malha é positivo, os vectores de base devem formar uma triedra direta.

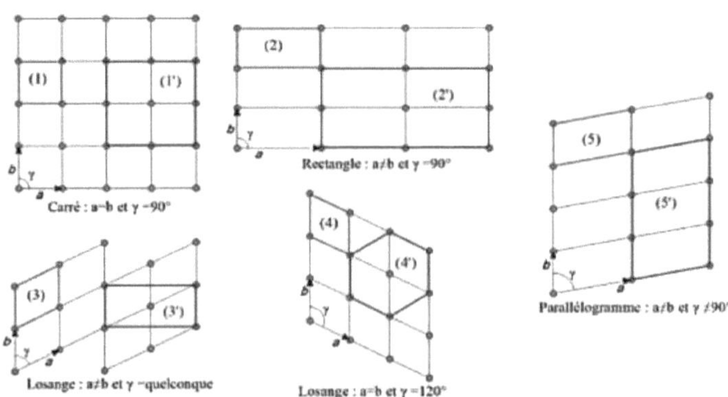

Os diferentes tipos de malha numa rede bidimensional.

11.2. Sistemas cristalinos e tipos de rede

Cada tipo de malha elementar (caracterizada por certas relações entre os parâmetros da malha) está associado a um **sistema cristalino.** Existem 7 **sistemas cristalinos** diferentes.

Além disso, podemos definir 4 tipos de rede, caracterizados pela forma como os nós estão distribuídos na malha:

✓ **Primitiva (P)**: Uma malha simples é designada por **primitiva** e denotada por **P.** Contém 8 IDs de rede nos vértices, cada um dos quais representa 1/8 da malha, ou seja, 8 x 1/8 = **1** nó por malha. As únicas translações da rede são combinações **lineares dos 3 vectores de base** *(a, ~b, c).*

✓ **Centro (I):** Uma malha que contém um nó nos vértices da malha e um nó no centro da malha, com um total de 2 nós por malha, é conhecida como uma malha **centrada,** denotada **I.** Para este tipo de malha, a translação **(½ ½ ½)** **deve ser** adicionada às combinações **lineares dos 3 vectores básicos** (cl, *b, c)*.

✓ **Todas as faces centradas (F):** Uma malha que contenha um nó nos vértices da malha e 3 nós nas 6 faces centradas (6x1/2= 3), dando um total de 4 nós por malha, diz-se que tem faces centradas, denotadas **F.** Para este tipo de rede, é necessário adicionar as translações **(½ ½ 0), (½ 0 ½)** e **(0 ½ ½)** às combinações **lineares dos 3 vectores de base** *(a,* b, c).

✓ **2 faces opostas centradas em C (A** ou **B):** Uma malha que contém um nó nos vértices da malha e um nó em 2 faces centradas (2x1/2 = 1), num total de 2 nós por malha. Trata-se de uma malha de 2 lados e é designada por **C (A** ou **B).** Para este tipo de malha, as translações **(½ ½ 0), (½ 0 ½)** e **(0 ½ ½) devem ser** adicionadas às combinações **lineares** dos **3 vectores de base** *(a,* b, c). Para o modo C, adicionar a translação **(½ ½ 0)** às combinações **lineares dos 3 vectores de base** (1, b, c).

✓ Se combinarmos os 7 sistemas cristalinos com os 4 tipos de redes possíveis (nem todos os modos de rede são compatíveis com a simetria dos sistemas), definimos **14 redes** conhecidas como **redes de Bravais.** Para o sistema **cúbico,** existem apenas os 3 modos P, I e F. Para o sistema **hexagonal,** existe apenas o modo P.

Tabela 1. Os 7 sistemas cristalinos e as 14 redes de Bravais.

Sistema cristalino	Parâmetros da malha	Modos de rede possíveis (14) P I F C
Triclínico	a≠b≠c α ≠ β ≠ γ ≠ 90° Qualquer paralelepípedo	
Monoclínico	a≠b≠c α = γ = 90°, β ≠ 90° Prisma reto com base de paralelogramo	
Ortorrômbico	a≠b≠c α = β = γ = 90° Paralelepípedo triangular	
Quadrática	a=b≠c α = β = γ = 90° Prisma reto de base quadrada	
Cúbico	a=b=c α = β = γ = 90° Cubo	
Romboédrico	a=b=c α = β = γ ≠ 90° e <120° losango	

| Hexagonal | a=b≠c $\alpha = \beta = 90°$; $\gamma =$ 120° Prisma direito com base em losango | 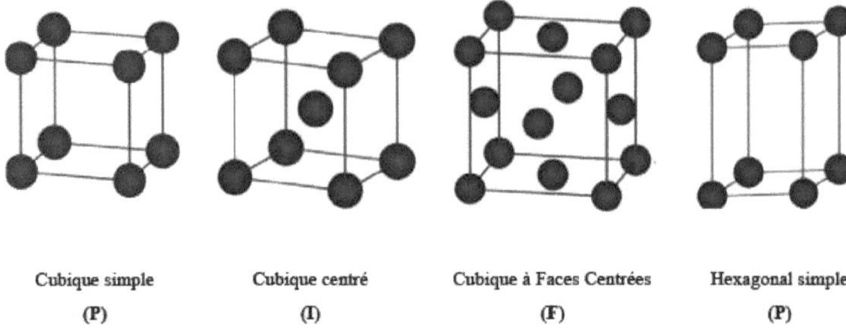 |

Para efeitos deste curso, limitar-nos-emos aos sistemas cúbico e hexagonal.

Cúbico simples
(P)
Cúbico centrado
(I)
Cúbico com lados centrados
(F)
Hexagonal simples
(P)

II.3 Elementos de simetria em figuras finitas

a) Inversão

Nota 1: Em relação a um ponto, o centro de inversão, é qualquer ponto de x, y, z tem um ponto simétrico de coordenadas -x, -y, -z, diz-se então que a malha é centro-simétrica.

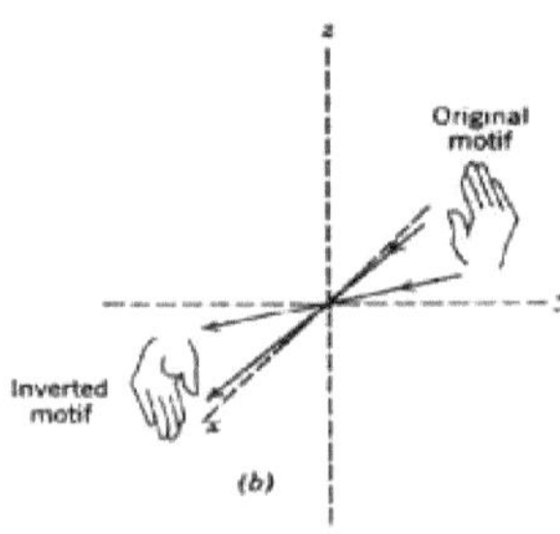

b) Reflexão

Imagem num espelho ou plano de simetria **m**.

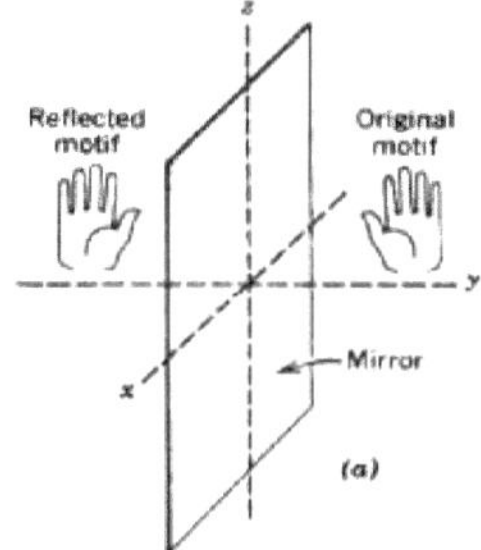

c) Rotação de ordem n

Rotação de 2n/n, em torno de um eixo de rotação representado pelo valor de n. As rotações possíveis são para n=1 (identidade), 2, 3, 4 e 6. As rotações possíveis são para n=1 (identidade), 2, 3, 4 e 6. (Os eixos n=5 e n>6 são impossíveis em cristais.

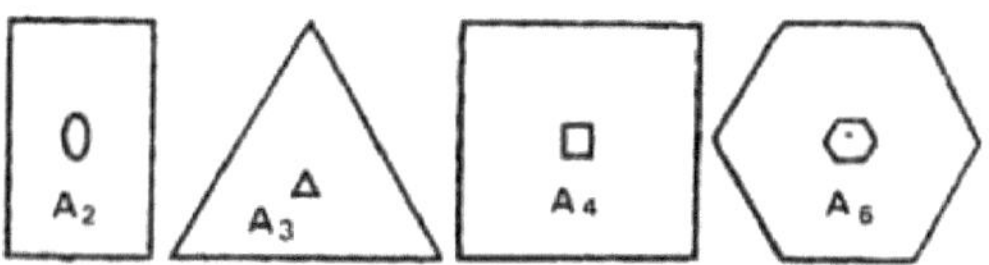

Exemplo: Elementos de simetria no cubo

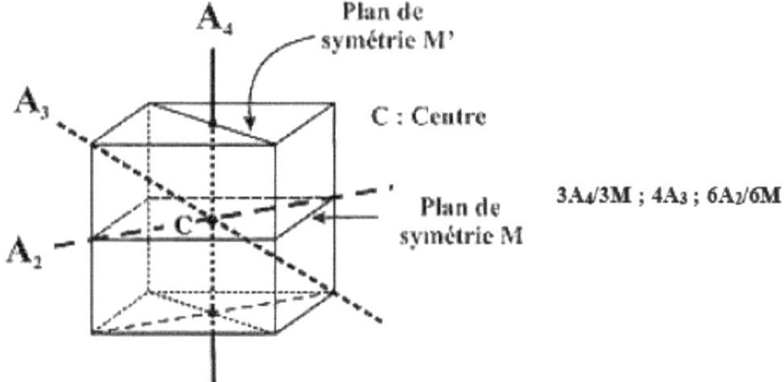

II.4. Intervalos

Um intervalo é uma linha reta que passa pela origem e pelo nó de coordenadas (uvw). Uma reta paralela ao intervalo [uvw] passa por cada nó da grelha. O conjunto de rectas paralelas e equidistantes forma a família de intervalos [uvw]. Por convenção, u, v e w devem ser mutuamente primos.

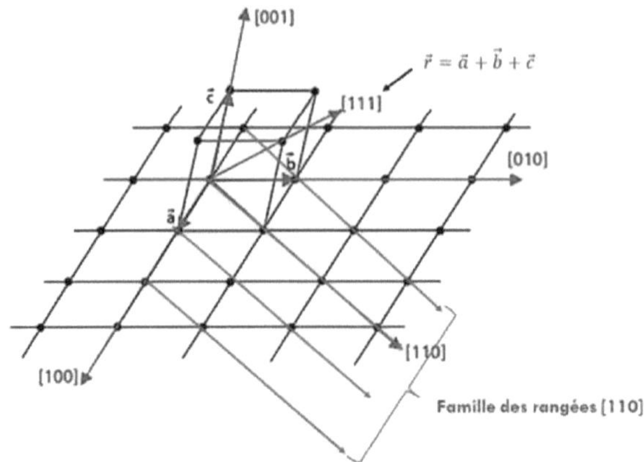

II.5. Planos reticulares

Um **plano reticular** é definido por três nós não alinhados; contém outros nós iHL'uds cuja distribuição bidimensional é periódica. É designado pelos *índices de Miller (h k l)*, que são números inteiros positivos, negativos ou nulos. Estes índices são tais que o plano correspondente corta as arestas *a* em *a/h*, *b* em *b/k* e *c* em *c/l*.

Os índices de Miller (hkl) são números inteiros mutuamente primos e representam uma família de planos reticulares paralelos. O primeiro plano da família é definido pelos índices (hkl).

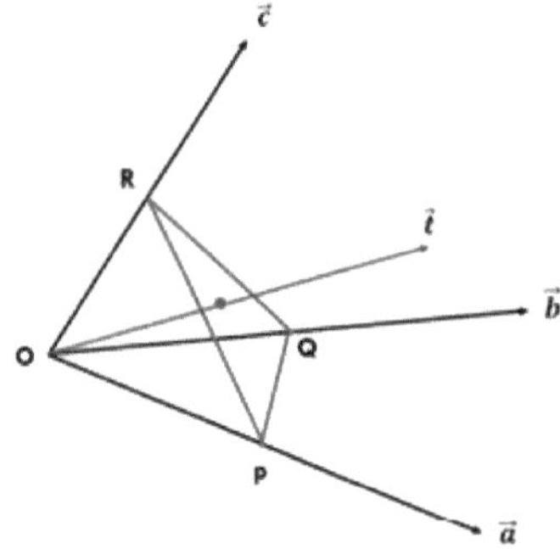

OP=a/h
OQ=b/k
OR=c/l
h, k e l são números inteiros relativos mutuamente primos.
São os chamados índices de Miller.
O plano reticular PQR tem índices (222).

■ Família de planos (hkl) que verifica a equação: hx+ky+lz=m em que m é um número inteiro.

■ m=0 o plano passa pela origem O

■ ^{ere}m=1 ou -1 : 1 planos // e mais próximo da origem.

14

O plano com m=1, P₁, intersecta as direcções [100], [010] e [001] em fracções dos vectores base da rede: a/h, b/k, c/l.

Para m=n, o plano Pn corta na/h, nb/k, nc/l.

$\vec{a}$ Se o plano P1 for // um vetor de base da rede, o índice correspondente será 0 ; P1// . então h=0.

Aplicação

Representar os seguintes planos reticulares:

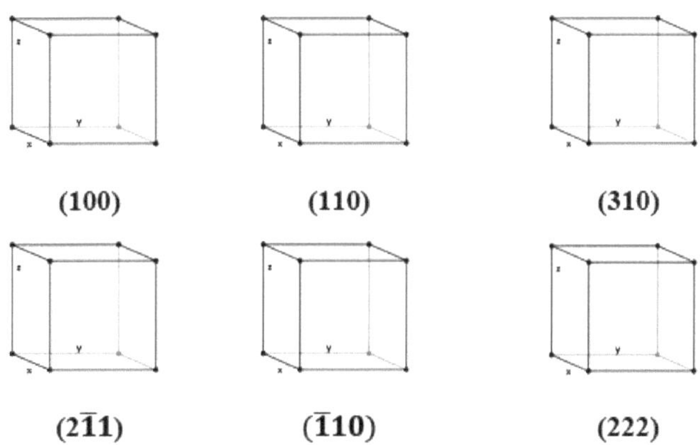

(100)   (110)   (310)

(2$\bar{1}$1)   ($\bar{1}$10)   (222)

A distância que separa dois planos sucessivos na mesma família de planos reticulares é chamada distância inter-reticular. Observa-se: dhkl.

Rede cúbica simples: $:d_{hkl} = \dfrac{a}{\sqrt{h^2+k^2+l^2}}$

Exemplos de dhkl (Caso do sistema cúbico)

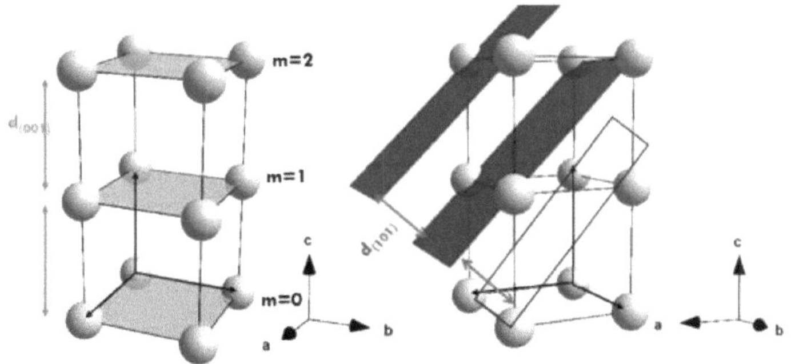

Família de planos reticulares (001) e (101).

III. Os raios X e o fenómeno de difração
III.1. 1. Radiografias

Os raios X estão na base de várias técnicas de análise, como a radiografia, a espetroscopia e a difractometria. [-10]Esta radiação electromagnética tem um comprimento de onda da ordem de um Angstrom (1 A = 10 m).

Um cristal é um arranjo de átomos, iões ou moléculas com um padrão que se repete periodicamente em três dimensões. As distâncias interatómicas são da ordem de Angstrom, a mesma ordem de grandeza que os comprimentos de onda dos raios X: um cristal constitui, portanto, uma rede 3D que pode difratar os raios X.

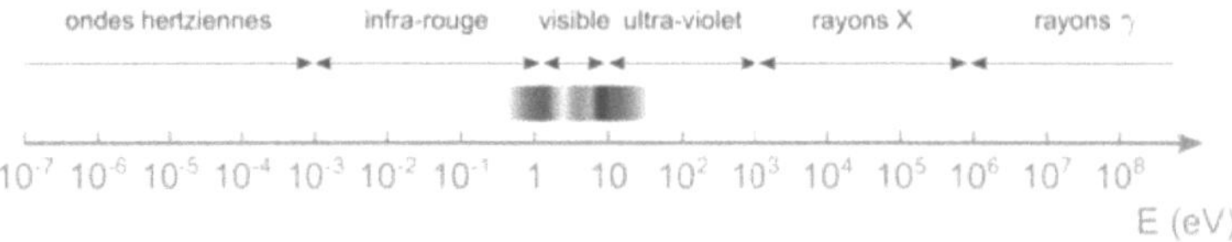

Apresentamos a teoria básica da interação dos raios X com estruturas sólidas, bem como exemplos de aplicações: a resolução de estruturas cristalinas em pó.

III.2. 2. Difração de raios X: lei de Bragg [4].

O método geral consiste em bombardear a amostra policristalina com raios X e observar a intensidade dos raios X, que são dispersos de acordo com a orientação no espaço de todos os átomos nas famílias de planos reticulares. Os raios X espalhados interferem uns com os outros, pelo que a intensidade apresenta *máximos* em determinadas direcções; este fenómeno é conhecido por "difração". A intensidade detectada é registada em função do ângulo de desvio 20 ("dois teta") do feixe; a curva obtida é designada por "difractograma". Exemplo:

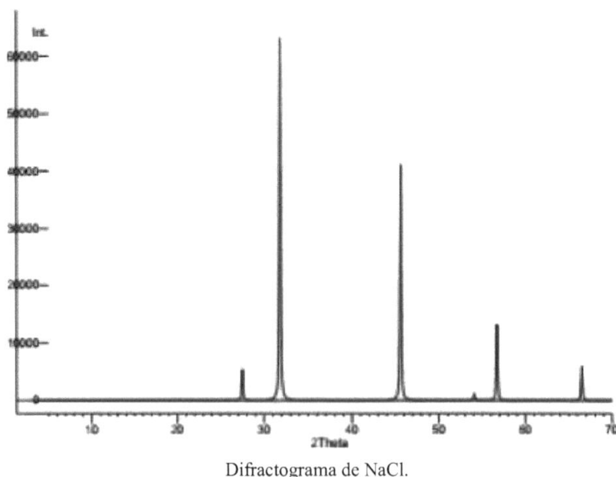

Difractograma de NaCl.

A difração pode ser considerada como uma reflexão a partir de planos reticulares paralelos.

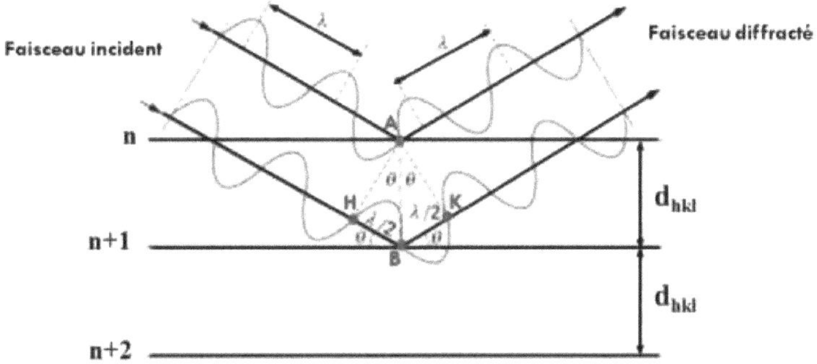

Isto implica que : $BH = BK = d_{hkl} \sin\theta$

A interferência construtiva ocorre se e somente se os dois raios 1 e 2 estiverem em

fase, ou seja, : $BH + BK = n\lambda$

Daí : $2d_{hkl} \sin\theta = n\lambda$ **Lei de Bragg**

n é um número inteiro que define a ordem da difração. Na prática, limitamo-nos à ordem 1.

IV. Aplicação da difração de raios X (método de Debye-Scherrer)

Este é o método mais utilizado quando o material pode ser reduzido a um pó fino (grãos da ordem de 0,01 mm). A amostra é uma amostra pontual e os raios X monocromáticos difractados são registados numa película circular centrada na amostra.

IV.1 Princípio do método

O feixe de raios X, que é **monocromático** neste caso, incide sobre o pó microcristalino numa pequena barra de vidro, num pequeno capilar (capilar Lindemann) ou espalhado numa lâmina fina especial.

O pressuposto básico é que, entre todos os pequenos cristais (microcristais) presentes (em princípio não orientados), haverá um número suficiente de faces cristalinas para que as difracções possam ser feitas no ângulo de Bragg 20. Iremos registar

Introdução e noções básicas de cristalografia feita os raios difractados numa película fotográfica. O feixe direto (raio emergente situado no prolongamento do raio incidente) é absorvido num outro tubo chamado poço.

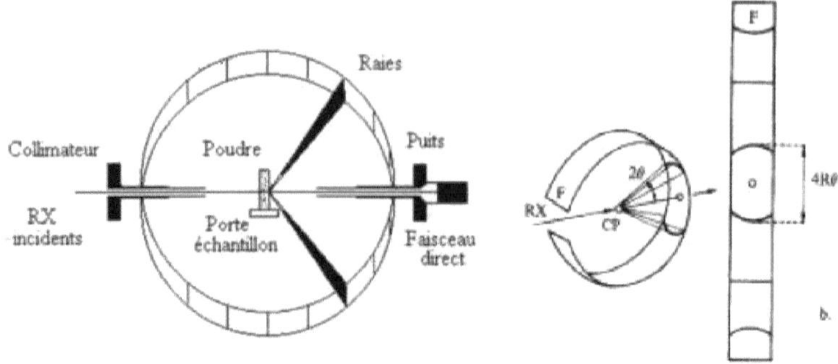

Figura 1: Princípio do método de Debye-Scherrer.

Com uma câmara circular de Debye-Scherrer, obtêm-se anéis concêntricos na película, cada um representando uma distância reticular (os raios difractados produzem uma série de cones e intersectam a película cilíndrica. Obtêm-se assim curvas que são a intersecção destes cones com o cilindro (estas curvas são designadas por anéis). Os orifícios na película provêm do colimador e/ou do poço, consoante a montagem. Note-se a disposição simétrica das linhas em relação ao colimador e ao poço.

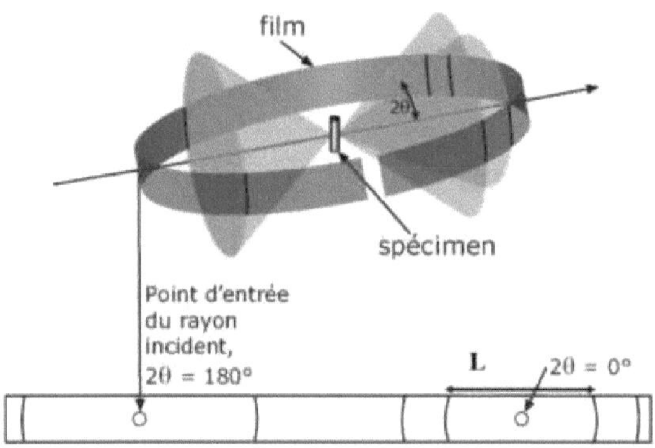

Figura 3: Aspeto da película. [5].

IV.2 Interesse do método

Este diagrama permite :

- Calcular as equidistâncias dhki dos diferentes planos: $4\theta R= L$ com θ: ângulo de difração em (°) e L: distância entre duas linhas simétricas em mm. $C=2\pi R$ (Circunferência da câmara (C= 360 mm ou 240 mm ou 180 mm).

Calcule o ângulo de difração em θ_i correspondente a cada par de linhas.

d) $C=360$ mm donc $\theta_i = \dfrac{L_i}{4}$

e) $C= 240$ mm donc $\theta_i = \dfrac{3L_i}{8}$

f) $C= 180$ mm donc $\theta_i = \dfrac{L_i}{2}$

Medindo a distância entre duas linhas simétricas, podemos calcular a distância inter-reticular, utilizando a relação de Bragg $2d\sin\theta = n\lambda.$

$\blacktriangleright$ $d_i = \dfrac{\lambda}{2\sin\theta}$ (Å)

- Determinar o tipo de grelha e os parâmetros da malha, indexando as linhas, ou seja, determinar a que plano h, k, l pertence cada linha.

$$d_{hkl} = \frac{a}{\sqrt{h^2+k^2+l^2}}$$

IV.3 Indexação de linhas de um difractograma de pó: grelhas cúbicas

A principal aplicação deste método de pó é a identificação de substâncias sólidas. A identificação é possível através de fichas de dados. Cada ficha contém, pelo menos, as distâncias reticulares e as intensidades relativas correspondentes. Podem também conter os índices de Miller (h k l), o $_{dhkl}$, o sistema cristalino e o modo da rede. A análise da película consiste em comparar os dados obtidos com os que constam da ficha de dados da substância em causa.

Métodos de comunicação

Este método consiste em determinar o modo de treliça do sistema cristalino da amostra policristalina em análise.

[222]Os índices dos planos de difração de um composto que cristaliza no sistema cúbico são da ordem crescente de h +k +l :

o **Exemplo de um sistema cúbico:**

As listas de reflexões e as distâncias correspondentes para os três tipos de redes cúbicas são :

No caso de uma rede cúbica simples P, as linhas podem ser vistas em todos os planos reticulares: (100); (110); (111); (200); (210), etc.

$$d_i : a \; ; \; ^{a}/_{\sqrt{2}} \; ; \; ^{a}/_{\sqrt{3}} \; ; \; ^{a}/_{\sqrt{4}} \; ; \; ^{a}/_{\sqrt{5}}$$

Caso de uma rede cúbica de centro I: observam-se linhas para os planos reticulares com índices que verificam a soma **h+k+l=2n** (110); (200); (211); (220); (310); (222), etc.

$$d_i : {}^{a}/_{\sqrt{2}} \; ; \; ^{a}/_{\sqrt{4}} \; ; \; ^{a}/_{\sqrt{6}} \; ; \; ^{a}/_{\sqrt{10}} \; ; \; ^{a}/_{\sqrt{12}}$$

No caso de uma rede cúbica de faces centradas F: observam-se linhas para os planos reticulares com índices que verificam a condição **h, k e l da mesma paridade**.

(111) (200) ; (220) ; (311) ; (222) .etc

$$d_i : {}^{a}/_{\sqrt{3}} \; ; \; ^{a}/_{\sqrt{4}} \; ; \; ^{a}/_{\sqrt{8}} \; ; \; ^{a}/_{\sqrt{11}} \; ; \; ^{a}/_{\sqrt{12}}$$

[222]Tabela de rácios (d_1/d_{hkl}) com valores crescentes de (h +k +l)

H	k	L	[222](h +k +l)	Cúbico P $(d_1/d_{hkl})^2$	Cúbico I $2(d_1/d_{hkl})^2$	Cúbico F $3(d_1/d_{hkl})^2$
1	0	0	1	1	-	-
1	1	0	2	2	2	-
1	1	1	3	3	-	3
2	0	0	4	4	4	4
2	1	0	5	5	-	-
2	1	1	6	6	6	-
2	2	0	8	8	8	8
2	2	1	9	9	-	-
3	0	0	9	9	-	-
3	1	0	10	10	10	-
3	1	1	11	11	-	11
2	2	2	12	12	12	12
3	2	0	13	13	-	-
3	2	1	14	14	14	-
4	0	0	16	16	16	16
3	2	2	17	17	-	-
4	1	0	17	17	-	-
3	3	0	18	18	18	-
4	1	1	18	18	18	-
3	3	1	19	19	-	19
4	2	0	20	20	20	20

Os números 7 e 15 estão sempre ausentes porque não correspondem a nenhuma soma de quadrados de números inteiros.

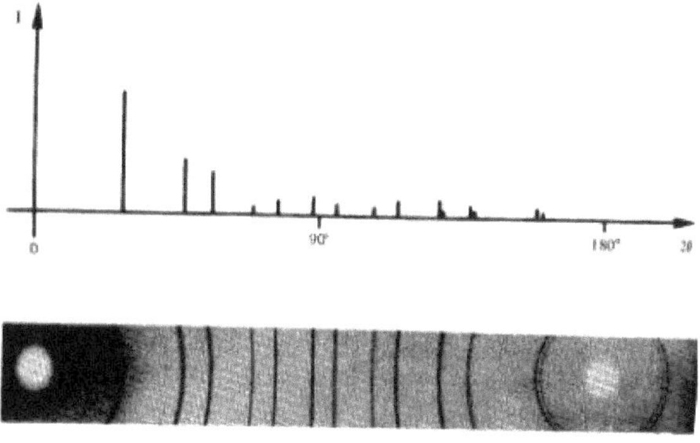

Comparação entre uma placa de Debye Scherrer e um difractograma de pó.

Referências :

[1] C. Salem, 2010, Elaboração e caraterização de novos verres de fluorohafnatos de estrôncio e de fosfosulfatos, tese, Universidade de Mohamed Khider Biskra.

[2] **https://physique-et-maths.fr/soutien-scolaire.php?menu=416.**

[3] C. Laulhe, estrutura da matéria, Universidade Paris Saclay.

[4] OUDET, X. (2013). A lei de Bragg, o contínuo e o descontínuo. In Annales de la Fondation Louis de Broglie (Vol. 38, No. 1, p. 33).

[5] M. Corentin, G. Adrian, L3PAPP trabalho prático de cristalografia.

Cristais metálicos

2

<u>*CAPÍTULO 2*</u>
Cristais metálicos
I. Geral

O modelo mais simples consiste em representar o cristal metálico como uma pilha ordenada de iões metálicos fixos entre os quais pode circular uma nuvem de electrões, deslocalizada para todo o cristal. Os metais e as ligas metálicas tendem a apresentar estruturas de elevada densidade.

Por exemplo: Ba, y-Fe, W: estrutura cúbica de face centrada (I); Ni, Cu, Ag, Au, a-Fe, Al: estrutura cúbica de face centrada (CFC): Be, Mg, Zn, Cd: estrutura hexagonal compacta (HC).

Para o metal ferro: exemplo da existência de *variedades alotrópicas*, <u>*estruturas diferentes*</u>
<u>*cada um com a sua própria gama de estabilidade para o mesmo composto*</u> *químico.*

Uma estrutura metálica compacta é descrita como uma pilha de esferas rígidas (impenetráveis e indeformáveis (átomos assimilados a esferas) que garantem o máximo preenchimento do espaço. Podem ser construídos dois tipos de pilhas planas de enchimento máximo.

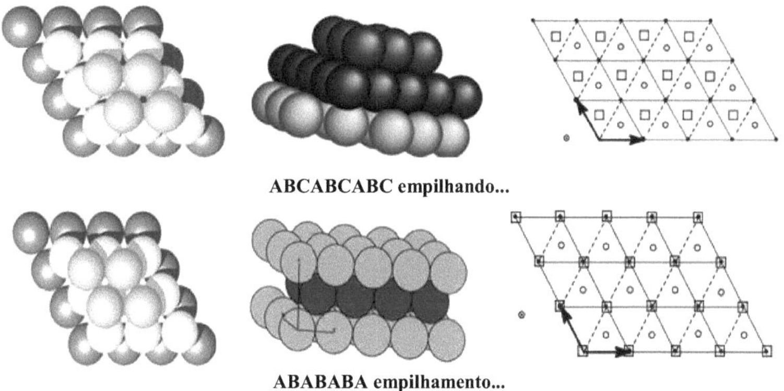

Em cada tipo de pilha, cada esfera está em contacto com 12 outras esferas: 6 do mesmo plano, 3 do plano anterior e 3 do plano seguinte. Diz-se que a coordenação (ou índice de coordenação) é 12. Para encontrar os nós, desenhe os centros dessas esferas (sem esquecer que existe matéria e, portanto, sem esquecer a existência de direcções nas quais as esferas são tangentes). Em referência à natureza da malha que aparece, estes *dois tipos de pilha* chamam-se respetivamente: *estrutura cúbica de faces centradas (sequência ABC-ABC-ABC)* e *estrutura hexagonal compacta (sequência AB-AB-AB).*

II. Estrutura cúbica centrada na face

A estrutura cúbica de faces centradas (CFC) é o resultado de uma pilha infinita de planos A, B e C.

II.1. . Malha

A malha de um cubo centrado nas faces é de multiplicidade 4. A malha contém 4 átomos divididos em 8 átomos nos vértices (a esfera centrada num nó deste tipo está dividida em 8 malhas) e 6 nos centros das faces (a esfera centrada num nó deste tipo está dividida em 2 malhas). Assim, no total *(8 *1/8+ 6*1/2)=4.*

As coordenadas reduzidas dos átomos são: (000); (1/2 1/2 0); (0 1/2 1/2); (1/2 0 1/2).

Os planos A, B e C da pilha estão dispostos perpendicularmente às diagonais longas do cubo (rangee [111]: eixo de rotação de ordem 3).

Modelo compacto

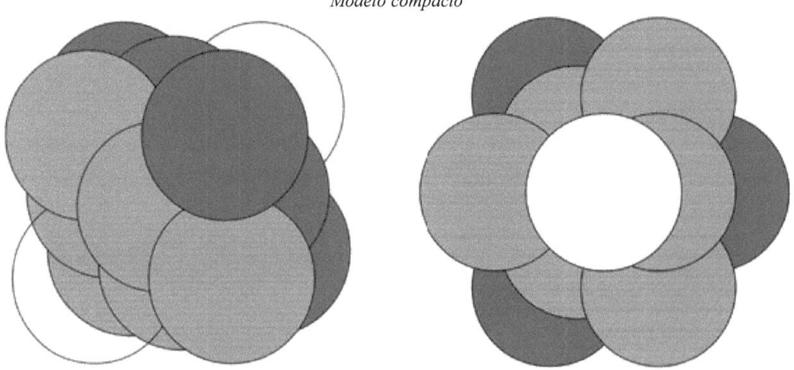

Representação em perspetiva   Projeção no plano (111)

Modelo explodido

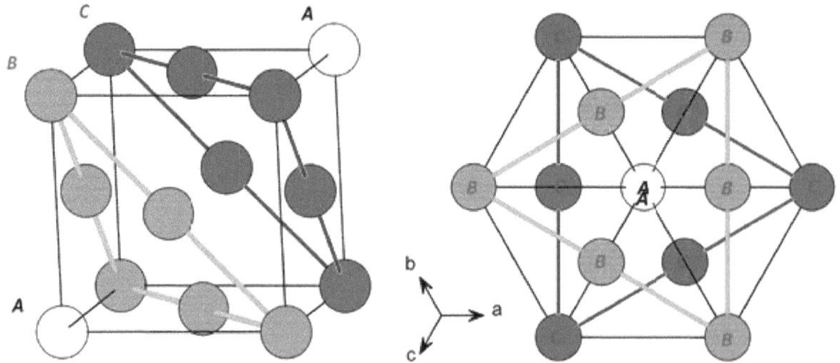

Representação em perspetiva   Projeção no plano (111)

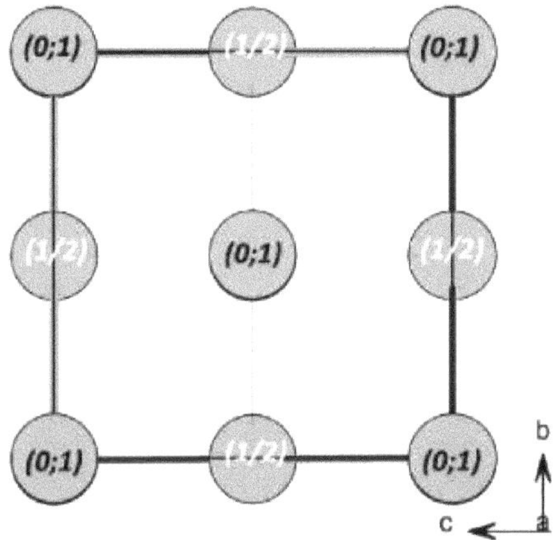

Projeção de uma malha CFC no plano (100).

II.2. . Contacto

A coordenação de um átomo ou ião é o número de vizinhos mais próximos equidistantes. Cada esfera está em contacto com 12 outras esferas: 6 no mesmo plano, 3 no plano anterior e 3 no plano seguinte. A coordenação (ou índice de coordenação) é 12.

Nota: o índice de coordenação **IC** descreve o poliedro de coordenação do átomo central. Os valores mais comuns de **IC** são: 4, 6, 8, (Ic = 4: tetraedro, Ic = 6: octaedro, Ic = 8: cubo). Para desenhar este poliedro, é necessário traçar as arestas que ligam 2 vizinhos próximos.

II.3. . Direção da tangência da esfera e relação entre as dimensões da malha e o tamanho do átomo

Atenção à diferença na utilização dos modelos compactos (visualização do preenchimento do espaço ocupado pela matéria) e dos modelos explodidos (visualização dos locais onde se encontram os centros das esferas). Relação entre o raio do metal **r** e a aresta da malha **a**: encontrar as direcções em que as esferas são tangentes (no contacto).

Tabela 2. Relação entre o parâmetro a da malha cúbica e o raio da partícula r

Estrutura	Próxima tangente	Relacionamento
Cúbico simples (CS)	Um arete	a = 2r
Cúbico centrado (CC)	A diagonal do cubo	4r = a^3
Cúbico centrado na face (CFC)	A diagonal de uma face de um cubo	4r = a^2

Para uma malha cúbica centrada na face, temos : $4r = a\sqrt{2} \quad a = 2r\sqrt{2}$

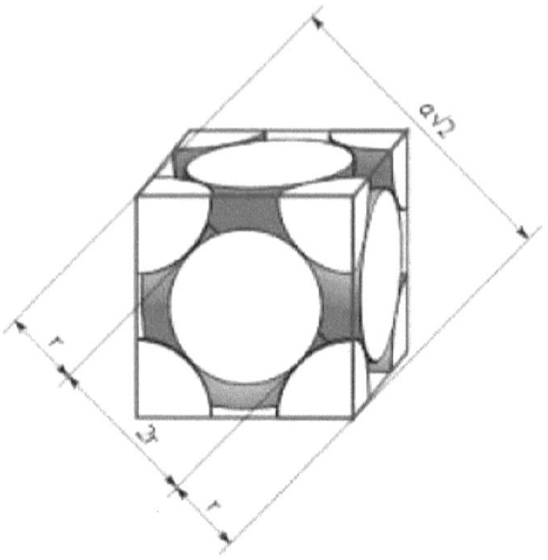

Tangentes atómicas numa malha CFC compacta. [1]

II.4. . Compacidade

A compacidade C de um sólido representa a relação entre o volume Vp efetivamente ocupado pelas partículas de matéria (átomos, moléculas, iões) e o volume do cristal, o volume total efetivamente ocupado no espaço. É geralmente calculado para um volume de cristal igual ao de uma malha elementar Vm. Nestas condições, C = Vp / Vm.

Compacidade de uma estrutura metálica com compacidade máxima: C = 0,74=74%.

$$= \frac{Z \times V_{sph\grave{e}re}}{V_{maille}} = \frac{4 \times \frac{4\pi r^3}{3}}{a^3} ; \quad \text{On} \quad \text{a}: \quad 4r \rightleftharpoons a\sqrt{2} \qquad a = 2r\sqrt{2}$$ *Compacite* portanto

$$= \frac{\pi \times \sqrt{2}}{6}.$$ *Compacite . Densidade da massa*

A densidade **p de** um material corresponde à massa de um elemento por unidade de volume. Deve, portanto, ser expressa em kg.m-3 no sistema internacional, mas preferimos utilizar as unidades g.cm-3.

$V_{atomes} = a^3$ O volume da malha é:

É constituído por 4 átomos (Z=4) cuja massa é : $\quad m_{atomes} = \frac{4 \times M}{N_A}$

A densidade é expressa da seguinte forma: $\quad \rho = \frac{m_{atomes}}{V_{atomes}} = \frac{4 \times M}{N_A \times a^3}$

Inversamente : $\qquad a = \sqrt[3]{\frac{4 \times M}{N_A \times \rho}}$

Aplicação: Calcule o parâmetro de uma rede cúbica de cobre com modo de rede F, dado que $p = 8,96$ g/cm3 . $^{-1}$M(Cu) = 63,54 g.mol .

II.5. . Sítios cristalográficos

A estrutura C.F.C. revela duas cavidades intersticiais, ou sítios cristalográficos, que são de dois tipos: ***sítios octaédricos (Oh)*** situados *no centro de um octaedro regular cujos vértices são os centros de 6 esferas tangentes entre si e a igual distância a/2 do centro.* $a\sqrt{3}/4$ ***Sítios tetraédricos (Td)*** situados *no centro de um tetraedro regular cujos vértices são os centros de 4 esferas tangentes entre si e a igual distância do centro.* A dimensão do sítio é medida pelo raio máximo do átomo que ocuparia o sítio sem o deformar.

i. Sítios octaédricos	**ii. Sítios tetraédricos**
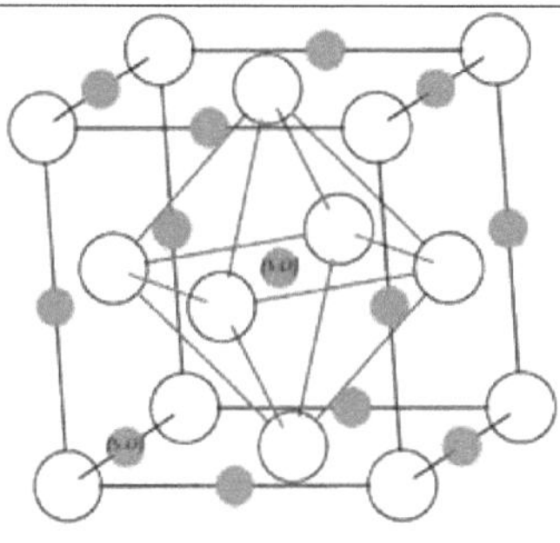 Os sítios octaédricos (**S.O**) de uma malha CFC.	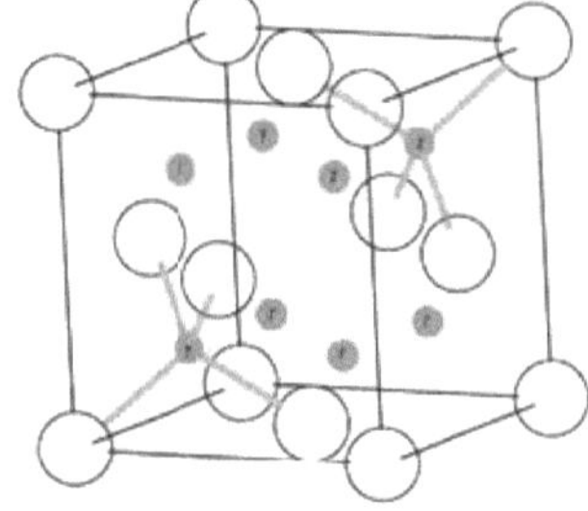 Sítios tetraédricos (**T**) numa malha CFC.
Existem 4 sítios octaédricos por malha de C.F.C. Estes estão situados no centro da malha e no meio das arestas. O sítio octaédrico do centro pertence inteiramente à malha e os dos bordos (12 no total) são partilhados por 4 malhas vizinhas; assim, $1+12\times1/4= 4$ sítios octaédricos por malha. ***As suas posições têm as seguintes coordenadas:*** (1/2 1/2 1/2); (1/2 0 0); (0 1/2 0); (0 0 1/2). Na estrutura C.F.C., existem tantos sítios octaédricos como átomos por célula. O tamanho do sítio octaédrico é dado pela	Na estrutura C.F.C., existem 8 sítios tetraédricos por célula. Estão posicionados no centro de tetraedros regulares definidos por um átomo no vértice da malha (átomo do plano A) e 3 átomos nos centros das faces que passam por esse vértice (átomos do plano B). Estas posições correspondem aos centros dos 8 cubos com arestas a/2. Todos estes 8 sítios pertencem completamente à malha. O número de sítios tetraédricos é o dobro do número de átomos por malha.

seguinte relação:

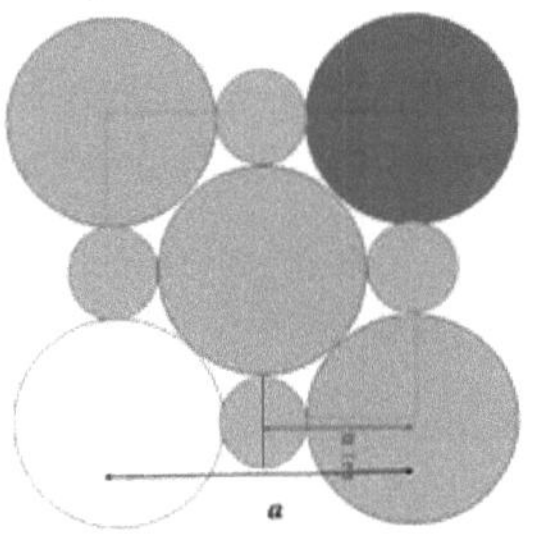

$$2r + 2R_O = a \ \text{avec} \ 4r = a\sqrt{2} \ ;$$

$$R_O = \frac{2r}{\sqrt{2}} - r = r(\sqrt{2} - 1) \approx 0,414r$$

Este é o raio do maior átomo que caberá no local sem o deformar.

__As suas posições têm as seguintes coordenadas:__ **(1/4 1/4 1/4); (3/4 1/4 1/4); (1/4 3/4 1/4); (1/4 1/4 3/4) ; (3/4 3/4 1/4) ; (1/4 3/4 3/4) ; (3/4 1/4 3/4) ; (3/4 3/4 3/4).**

O raio do sítio tetraédrico é tal que: A semi-diagonal do cubo de aresta a/2 é igual à soma do raio do átomo e do raio do sítio tetraédrico:

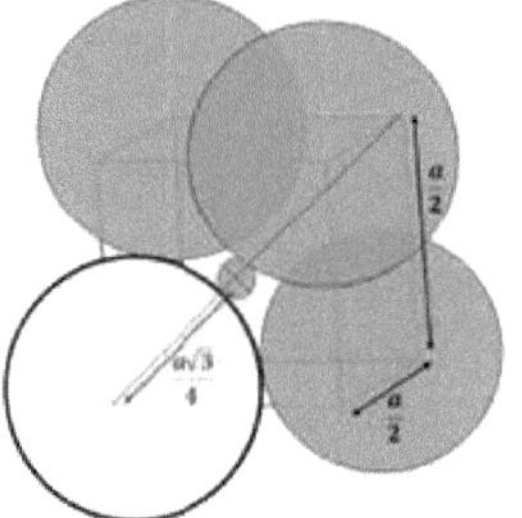

$$r + R_T = a\frac{\sqrt{3}}{4} \ \text{avec} \ 4r = a\sqrt{2}$$

$$R_T = r\left(\sqrt{\frac{3}{2}} - 1\right) \approx 0,225r$$

III. Estrutura hexagonal compacta (HC) III.1 A malha

Descrição da malha HC: um prisma reto de base rômbica (um terço de uma malha de base hexagonal), um nó em cada vértice (a esfera centrada nesse nó é dividida em 8 malhas) e um nó no interior da malha que se projecta, se a base rômbica estiver dividida em dois triângulos equiláteros, no centro de um desses triângulos.

A malha é definida pelos parâmetros
$$a = 2r \ ; \ c = 4r\sqrt{\frac{2}{3}} \ ; \alpha = \beta = 90° \ \text{et} \ \gamma = 120°.$$

Número de esferas (átomos) por malha: 8x(1/8) + 1 = 2 ou 4x(1/12)+4 x(1/6) + 1 =2.

Número de grupos de formulários Z=1.

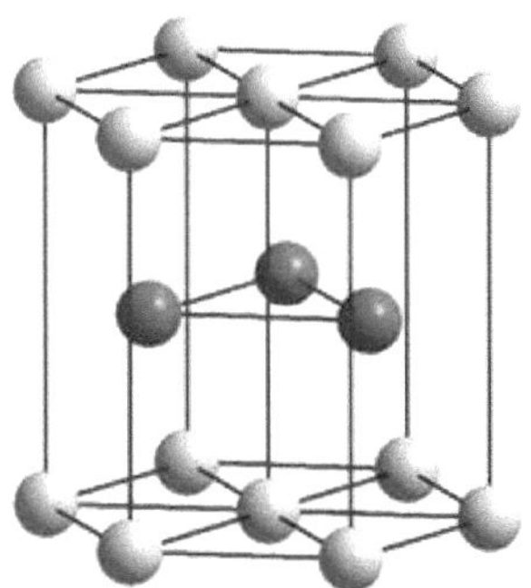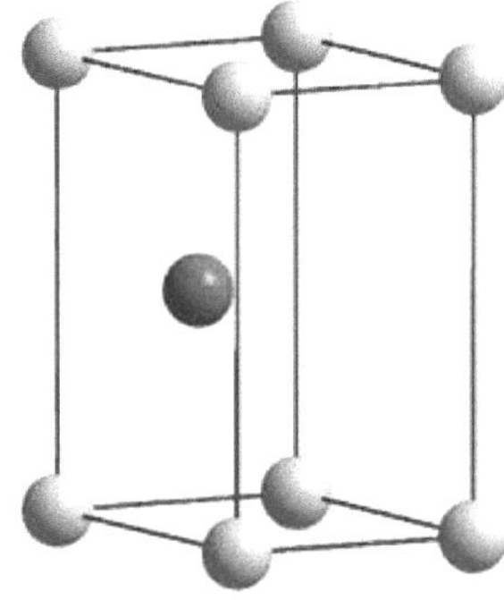

Malha convencional de HC em perspetiva. Malha elementar HC em perspetiva.

III.1. 2. Coordenação

Cada esfera está em contacto com **12** outras esferas: 6 do mesmo plano, 3 do plano anterior, 3 do plano seguinte. Diz-se que a coordenação (ou índice de coordenação) é 12.

III.2. 3. Direção da tangência da esfera e relação entre as dimensões da malha e o tamanho do átomo

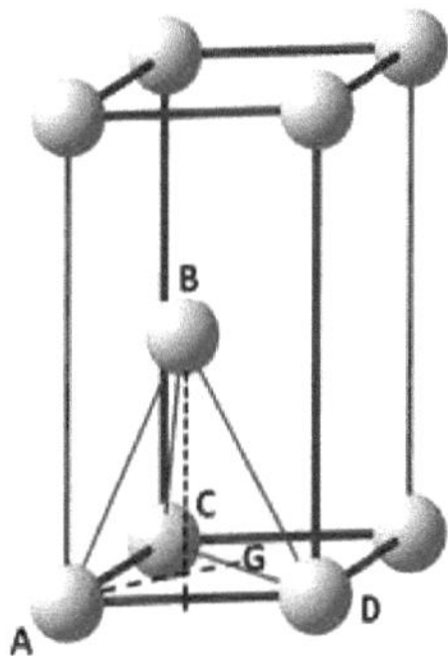

Por construção, as esferas são tangentes às arestas dos losangos no plano A. Segue-se a relação $a=2r$. Além disso, existe uma tangência entre esferas em dois planos sucessivos A e B, o que impõe uma condição entre a e c. Para obter esta condição, vamos utilizar as propriedades geométricas do ***tetraedro ABCD***. ₜ

$$AG = a\frac{\sqrt{3}}{2}. AI = \frac{a}{\sqrt{3}}.$$ No triângulo básico, ***a altura*** do ***triângulo equilátero*** T3 ***ACD*** de lado a vale O centro de gravidade I do triângulo ***ACD*** está localizado a **2/3** da altura ***AG***, ou seja, à distância do vértice Em T3

escrever que o triângulo ***ABI*** tem ângulo reto em I. [222]Pitágoras dá: ($AB = AI +$ ***BI***)

29

$$\rightarrow BI^2=(c/2)^2= AB^2- AI^2=a^2-\left(\frac{a}{\sqrt{3}}\right)^2$$ Encontramos a relação

$$: \frac{c}{a} = \sqrt{\frac{8}{3}} = 2\sqrt{\frac{2}{3}} \ or \ a= 2r \rightarrow c = 4r\sqrt{\frac{2}{3}} \approx 1,63$$

III.4. Compactação e densidade

Vamos calcular a compacidade do sistema na malha prismática. A superfície de base é
^{2}a do losango de dimensão a, pelo que a área da superfície da base é a sin(2n/3).

$$V = a^2.c.\frac{\sqrt{3}}{2}.$$ O volume da malha prismática com base de diamante é, portanto, de Obtemos o valor da compacidade C dividindo o volume dos dois átomos pertencentes à malha pelo volume da malha. Tendo em conta os resultados anteriores, escrevemos, todos os cálculos efectuados:

$$C = C = \pi\frac{\sqrt{2}}{6} = 0,74$$

Naturalmente, tivemos de encontrar o mesmo valor de compactação que na estrutura *cfc*, dada a semelhança dos modos de empilhamento. Também podemos calcular a densidade como antes:

$$\rho = \frac{ZM}{N_A V_h} \text{ avec } Z=2 \text{ et } V_h = a^2.c.\frac{\sqrt{3}}{2}$$

IV. Pilha pseudo-compacta

Descrição da malha: cúbica, um nó em cada vértice (a esfera centrada neste iHL'ud está dividida em 8 malhas) e um nó no centro.

Número de esferas (átomos) por malha: 8x(1/8) + 1 = 2.

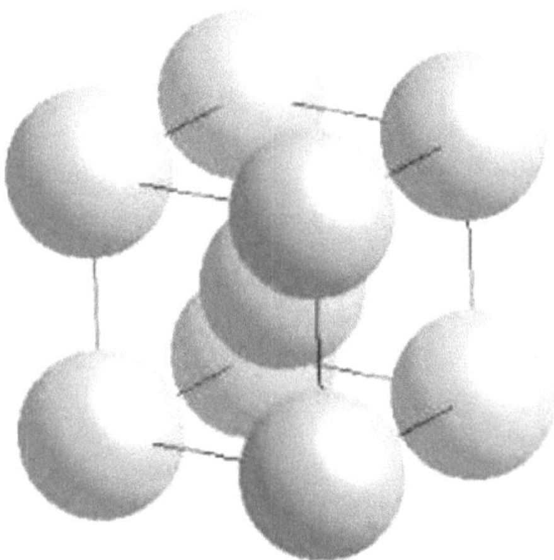

Malha cúbica cêntrica compacta. [2].

Cada esfera é rodeada por oito esferas equidistantes: índice de coordenação ou de coordenação = 8 (inferior ao das estruturas cfc e hc). As esferas são tangentes na direção da diagonal do cubo, daí a relação entre o raio metálico r e o bordo da malha a.

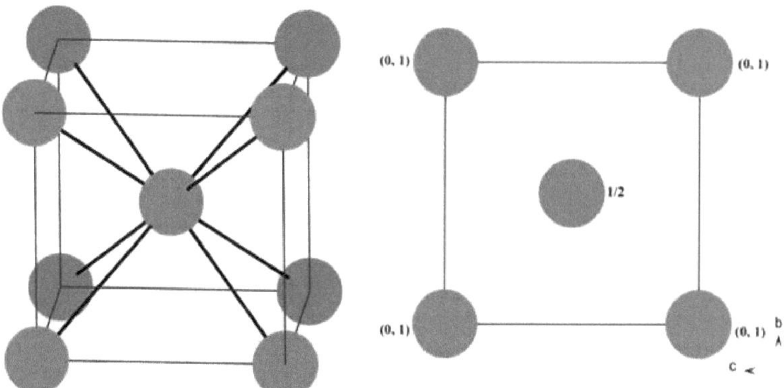

Representação em perspetiva   Projeção no plano (100)

A compacidade de CC é expressa por :

$$C = \frac{Z.\frac{4\pi r^3}{3}}{a^3} \text{ avec } Z=2 \text{ et } a\sqrt{3} = 4r$$

$$C = \frac{\pi\sqrt{3}}{8} = 0,68$$

Compactação = 68% (inferior às estruturas cfc e hc - menor compactação da esfera).

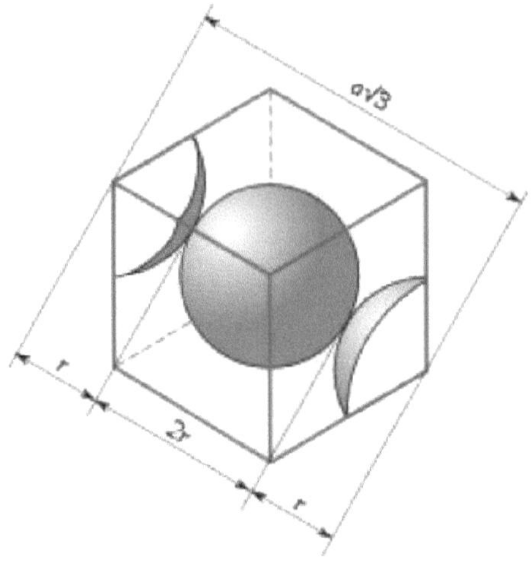

Relação entre o parâmetro de malha cúbica a e o raio r da partícula metálica numa estrutura cúbica centrada. estrutura cúbica. [1]

V. Ligas metálicas

São sistemas formados por dois ou mais metais ou por um metal e um não-metal. São também designados por soluções sólidas. São preparadas por arrefecimento de uma fase metálica líquida. Existem duas famílias principais de ligas metálicas:

V.1 Solução sólida de substituição

Estas ligas são geralmente obtidas a partir de metais de dimensões semelhantes e com o mesmo tipo estrutural. Se M e M' *são* dois metais de raio comparável, M' pode ser substituído por M na rede, e a fórmula geral da liga é $M_{1-x}M'_x$. A substituição pode ser total ou parcial.

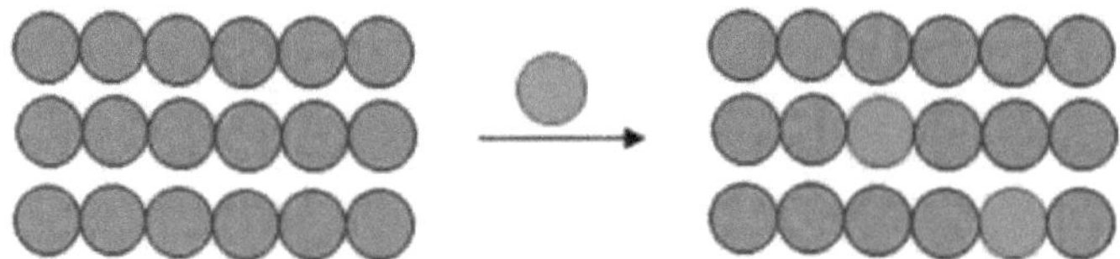

Exemplo: Au-Cu (joalharia); Cu-Sn (bronzes); Cu-Al; Fe-Al.

V.2 Solução de inserção sólida

Estas soluções sólidas surgem quando um dos átomos, geralmente o não-metal X, é significativamente mais pequeno do que o do metal. O não-metal ocupa então os sítios definidos pela rede metálica, sem causar qualquer deformação percetível. Considere-se uma pilha compacta de átomos M, de multiplicidade M. Existem interstícios tetraédricos ou octaédricos nos quais os átomos X podem ser acomodados sem distorcer a rede. A fórmula geral de uma tal liga é *MXx*.

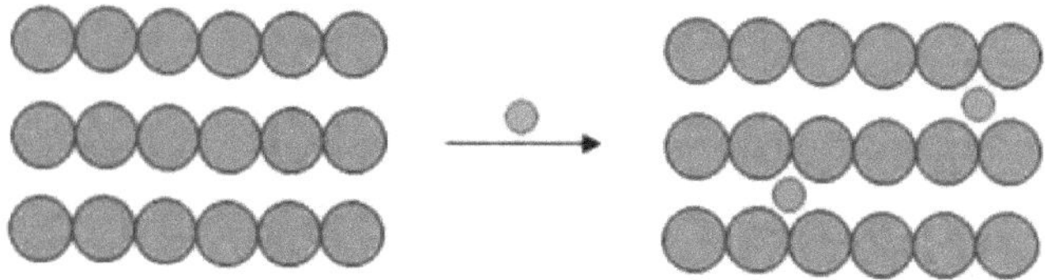

Exemplo: Carbonetos: o carbono está inserido na rede metálica: FeC3 (Cementite); TiC; CrC. Hidretos: o hidrogénio é inserido na rede metálica: La, Pd, Pt, Zr, etc.

Nitretos: o azoto está inserido. FeN.

Referências :

[1] http://deuns.chez.com/sciences/cristallo/46.gif.

[2] https://ressources.univ-lemans.fr/AccesLibre/UM/Pedago/chimie/01/06-Etat_solide/deug/reseau.html.

Cristais iónicos

34

CAPÍTULO 3

Cristais iónicos

I. Coesão do cristal iónico

O cristal iónico é constituído por aniões e catiões. Estes iões de carga oposta mantêm ligações electrostáticas que mantêm o cristal unido. Os aniões maiores ocupam as extremidades de uma rede hospedeira, enquanto os catiões mais pequenos estão alojados em determinados locais desta rede hospedeira. Uma vez que a estrutura global deve permanecer neutra, o número de catiões por célula deve ser idêntico ao número de aniões.

Além disso, as forças electrostáticas entre os iões tendem a repelir os iões do mesmo sinal e a atrair os iões com cargas de sinal contrário. Isto leva à seguinte situação de equilíbrio médio:

- há contacto entre iões com cargas opostas;
- não pode haver contacto entre iões do mesmo sinal.

Vamos estudar dois tipos de cristais iónicos: Tipo AB: CsCl; NaCl e ZnS (blenda) e tipo AB2: CaF2.

II. Estrutura de tipo AB ou MX

II.1. . Estrutura do tipo CsCl

a) Malhagem

$^-$Os iões cloreto Cl formam uma rede cúbica simples ocupando os vértices de um cubo de arete a. $^+$Os iões de césio Cs ocupam os centros dos cubos. Traçando as malhas vizinhas, vemos que simetricamente os iões césio formam um cubo com a mesma aresta a, no centro do qual se encontra um ião cloreto. $^{+-}$Obtém-se: r(Cs) = r = 167 pm ; r(Cl) = R = 181 pm ;

- Parâmetro da malha convencional :

$a\sqrt{3}= R$ Os iões Cs e Cl são tangentes ao longo da diagonal longa do cubo, ou seja, $+2r + R$

2

$$a = \frac{2}{\sqrt{3}} (r +R) = 404$$
d ou: pm.

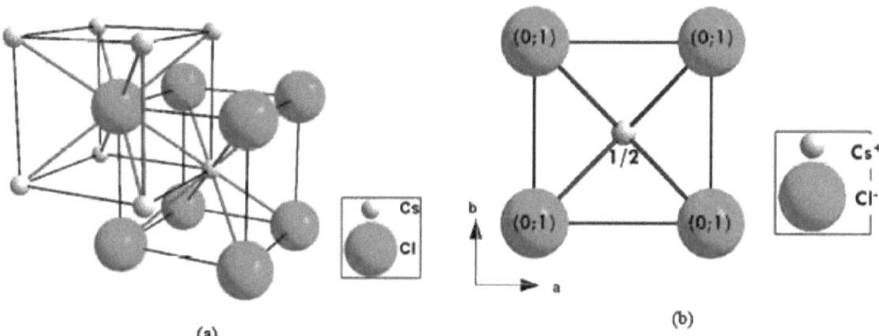

(a) Malha elementar da estrutura de CsCl baseada em Cl- e Cs+; (b) Projeção de uma malha elementar da estrutura de CsCl no plano (ab).

* Número de iões por malha e compacidade :

O ião césio é interno à malha e, portanto, conta como 1. Os 8 iões cloreto participam em 8 cubos diferentes e, portanto, contam como 1/8.

[+]Isto dá-nos 1 ião Cs e 1 ião Cl por célula. O cristal é, portanto, neutro.

A compactação é então :

$$C = \frac{\frac{4}{3}\pi(r^+)^3 + \frac{4}{3}\pi(r^-)^3}{a^3} = 0,683$$

* Coordenadas:

[-+]Coordenação do anião em relação ao catião (coordenação do catião em relação ao anião) = Cl /Cs =8/8: sítio cúbico.

[--++]Coordenação do anião em relação ao anião (coordenação do catião em relação ao catião) = Cl /Cl = Cs /Cs =[6]

* Coordenadas reduzidas

Origem no anião :

Cl⁻: (0 0 0)

Cs⁺: (1/2 1/2 1/2)

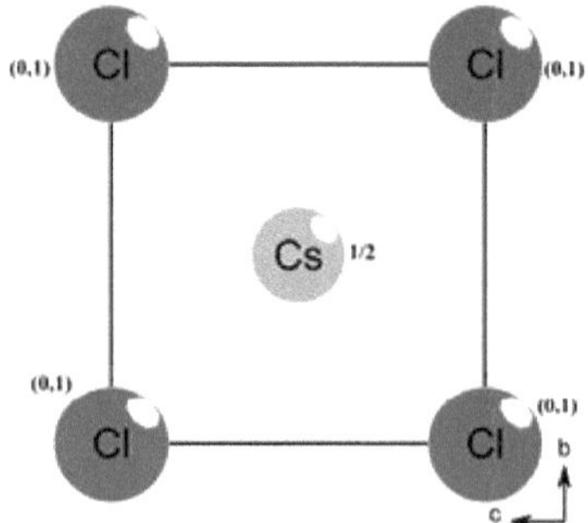

Projeção da malha de CsCl no plano (bc)

Esta estrutura pode ser descrita por duas matrizes cúbicas simples de aniões Cl- e catiões Cs+ deslocadas uma da outra por ^ ao longo da diagonal do cubo, ou seja, por uma translação (1/2 1/2 1/2).

b) Condição de estabilidade

[-+]Os iões Cl adjacentes, que são maiores do que os iões Cs, não devem interpenetrar-se. [-]A distância mais curta **a** entre dois iões Cl deve, portanto, ser superior a 2r e, no caso limite, os aniões são tangentes um ao outro, ou seja, :

a ≥ 2r⁻   (1)

O catião $_{Cs+}$ é colocado nos interstícios deixados livres pelos aniões, assumindo o contacto anião-catião:

$$2r^+ + 2r = a\sqrt{3} \quad (2)$$

ou
$$a = \frac{2(r^+ + r^-)}{\sqrt{3}} \quad (3)$$

Substituição (3) em (1) $\rightarrow \dfrac{2(r^+ + r^-)}{\sqrt{3}} \geq 2r \quad (4)$

$1 + \dfrac{r^+}{r^-} \geq \sqrt{3}$ Assim ou $\dfrac{r^+}{r^-} \geq \sqrt{3} - 1 \quad (5)$

$r^+ < r$ As d'ou $\dfrac{r^+}{r^-} < 1 \quad (6)$

(5) et (6) $\rightarrow \qquad \sqrt{3} - 1 \leq \dfrac{r^+}{r^-} < 1$ ou $0{,}732 \leq \dfrac{r^+}{r^-} < 1 \quad (7)$

5.1.. Estrutura do tipo NaCl a) A malha

Os iões cloreto Cl formam uma rede cúbica de face centrada com uma aresta a.
Os iões de sódio Na ocupam os sítios octaédricos da rede c.f.c..
Ao traçar as malhas vizinhas, podemos ver que simetricamente os iões de sódio formam uma rede cfc com o mesmo ponto final em ; os iões de cloreto ocupam os sítios octaédricos desta rede.
$^{+-}$Obtém-se: r(Na) = r = 102 pm; r(Cl) = R = 181 pm; [1].

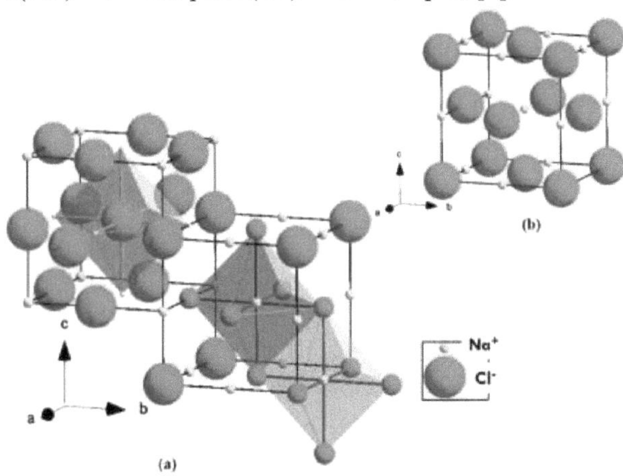

(a) Estrutura cristalina do NaCl; (b) Estrutura elementar do NaCl.

- Parâmetro da malha convencional :

$^{+-}$Os iões Na e Cl são tangentes ao longo da aresta do cubo, ou seja, a = R +2r + R = 556 pm.

- Número de iões por malha e compacidade :

Existem 4 sítios octaédricos por malha, pelo que existem 4 iões de sódio por malha convencional.

Os 8 iões cloreto nos vértices participam cada um em 8 cubos diferentes e, portanto, contam como 1/8. Os 6 iões cloreto nas faces participam em 2 cubos diferentes e, portanto, contam como 1/2. Existem, portanto, 4 iões cloreto por célula e o cristal é neutro.

A compactação é então :
$$C = \frac{4\,\frac{4}{3}\pi(r^+)^3 + 4\,\frac{4}{3}\pi(r^-)^3}{a^3} = 0{,}667$$

Coordenadas reduzidas

Origem no anião :

$^-$**Cl** : (0 0 0) (1/2 1/2 0) (1/2 0 1/2) (0 1/2 1/2)

$^+$**Na** : (1/2 0 0) (0 1/2 0) (0 0 1/2) (1/2 1/2 1/2)

- Coordenadas:

Coordenação do anião em relação ao catião = coordenação do catião em relação ao anião = [6].

Coordenação de l'anião em relação a l'anião = coordenação de catião em relação a catião = [12].

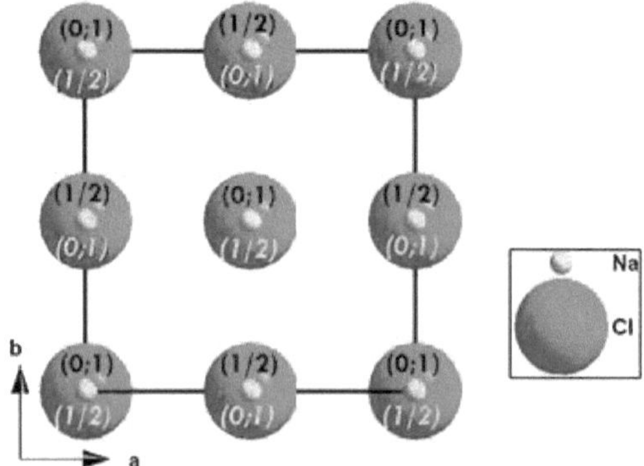

Projeção da malha de NaCl no plano (ab).

Esta estrutura pode ser descrita por duas redes cfc de aniões Cl- e catiões Na+ deslocadas uma da outra por / ao longo da aresta ou diagonal do cubo por translação ((1/2 0 0) ou (0 1/2 0) ou (0 0 1/2)) ou (1/2 1/2 1/2 1/2).

b) Condição de estabilidade

$^-$Considerando uma face do cubo, a estrutura limite é obtida quando os aniões e os catiões são tangentes ao longo da aresta do cubo, o que corresponde à relação: 2r+ + 2r = a (8)

No limite, os aniões só podem ser tangentes ao longo da diagonal da aresta, ou seja, :

$$2r^- \leq a\,\frac{\sqrt{2}}{2} \quad (9)$$

$$(8)\ et\ (9) \quad \rightarrow \quad 2r^- \leq 2\,(r+ + r\text{-})\,\frac{\sqrt{2}}{2} \quad (10)$$

Soit $\dfrac{r^+}{r^-} \geq \sqrt{2}-1$

Ou

Dada a relação (11) e a condição de fronteira para a estabilidade da estrutura do tipo CsCl (relação 7), a condição de fronteira para a estabilidade da estrutura do tipo NaCl é :

$$\sqrt{2}-1 \leq \frac{r^+}{r^-} \leq \sqrt{3}-1$$

8) .3. Estrutura do tipo ZnS

a) A malha

[2-]Os iões de enxofre S formam uma rede cúbica cfc de arete a.

[2+]Os iões de zinco Zn ocupam metade dos sítios tetraédricos na rede c.f.c..

Uma tal estrutura é designada por estrutura de tipo mistura. [2+2-]Damos: r(Zn) = r = 74 pm; r(S) = R = 184 pm.

- Parâmetro da malha convencional :

[2+2-]Os iões Zn e S são tangentes ao longo da diagonal longa do cubo, ou seja,

$$\frac{\sqrt{3}}{4} = r^+ + r^-$$

para um quarto desta diagonal a

d ou : $a = \dfrac{4}{\sqrt{3}}\,(r^+ + r^-) = 404$ pm).

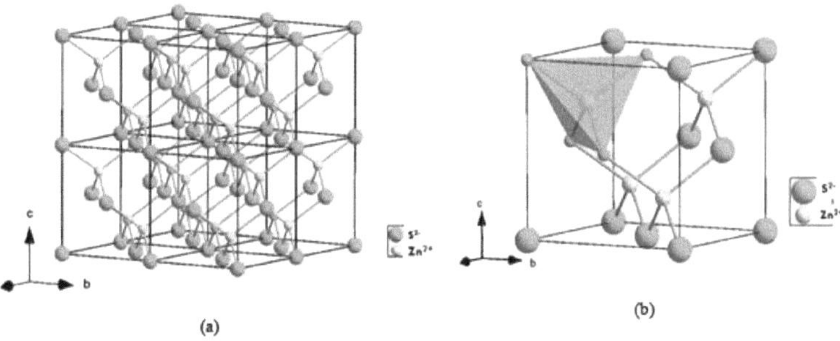

(a) Estrutura cristalina do ZnS (blenda); (b) Estrutura elementar do ZnS (blenda).

O valor experimental está muito longe das previsões teóricas (a = 541 pm).

Observando as electronegatividades dos dois elementos enxofre e zinco, verifica-se que a sua diferença é pequena, pelo que as ligações covalentes não podem ser negligenciadas. O cristal de ZnS não é portanto um verdadeiro cristal iónico, mas um híbrido entre um cristal iónico e um cristal covalente.

- Coordenadas reduzidas

Origem no anião :

S^{2-} : (0 0 0) (1/2 1/2 0) (1/2 0 1/2) (0 1/2 1/2)

Zn^{2+}: (3/4 1/4 1/4) (1/4 3/4 1/4) (1/4 1/4 3/4) (3/4 3/4 3/4)

Se efectuarmos uma translação do tipo (1/4 1/4 1/4) obtemos as novas coordenadas

Origem no catião :

S^{2-} : (1/4 1/4 1/4) (3/4 3/4 1/4) (3/4 1/4 3/4) (1/4 3/4 3/4)

Zn^{2+} : (0 1/2 1/2) (1/2 0 1/2) (1/2 1/2 0) (0 0 0)

A análise destas novas coordenadas mostra que os iões Zn^{2+} também formam uma rede CFC. A estrutura da blenda ZnS^{2-2+} pode, portanto, ser descrita por duas redes CFC, uma formada pelos aniões S e a outra pelos catiões Zn, deslocadas uma da outra em 1/4 ao longo da diagonal do cubo, ou seja, por uma translação do tipo (1/4 1/4 1/4 1/4).

Número de iões por malha :

Existem 8 sítios tetraédricos por malha, pelo que existem 8/2 = 4 iões Zn por malha convencional.

Os 8 iões S nos vértices participam cada um em 8 cubos diferentes e, portanto, contam como 1/8. Os 6 iões de enxofre nas faces participam em 2 cubos diferentes e, portanto, contam como 1/2. Isto dá-nos 4 iões S^{2-} por malha e a neutralidade do cristal.

$$C = \frac{4\,\frac{4}{3}\pi(r^+)^3 + 4\,\frac{4}{3}\pi(r^-)^3}{a^3}$$

A compacidade é então :

"Coordenadas: Coordenada do anião / catião (coordenação do catião em relação ao anião) = [4].

Coordenação do anião / com o anião (coordenação do catião com o catião) = [12].

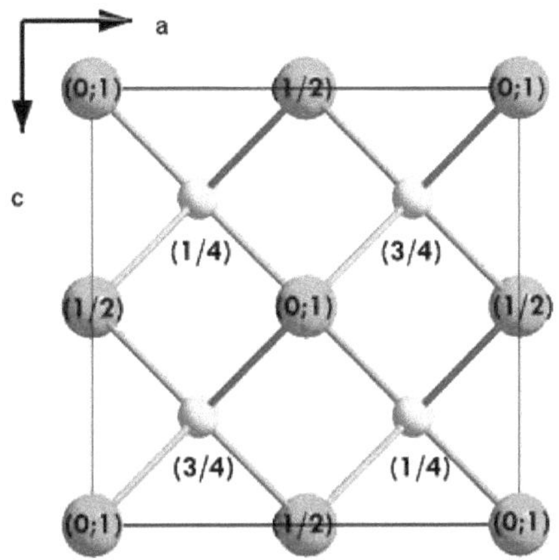

Projeção da malha de ZnS no plano (bc)

b) Condição de fronteira de estabilidade

$^{2+2-}$Os iões Zn e S são tangentes ao longo da diagonal de um pequeno cubo de área a/2, pelo que :

$$r^+ + r^- = a\,\frac{\sqrt{3}}{4} \quad (13)$$

Assim, a = (14)

Por outro lado, para que os aniões não se sobreponham na diagonal de uma face, :

$$2r^- \le a\,\frac{\sqrt{2}}{2} \quad (15)$$

$$(14)\ \text{et}\ (15) \quad \rightarrow 2r^- \le 4\,\frac{(r^+ + r^-)}{\sqrt{3}}\,\frac{\sqrt{2}}{2} \quad (16)\ \text{D'ou} \qquad \frac{r^+}{r^-} \ge \frac{\sqrt{3}}{\sqrt{2}} - 1$$

Daí que

II.4. Raios e estruturas iónicas

$^{+-}$Numa primeira aproximação, o tipo estrutural adotado por um composto iónico constituído por um anião e um catião (MX) depende da relação dos raios iónicos r /r . A relação entre os raios iónicos determina a coordenação. Podem distinguir-se quatro áreas principais:

Estrutura		Condição de existência	Coordenação
Tipo	Exemplos		Número Figura
CsCl	CsBr, CsI	$^+0,732 <$ r /r- <1	[8]/[8] Cubo
NaCl	MgO, CaS	$^+0,414 <$ r /r-$<0,732$	[6]/[6] Octaedro
ZnS (blenda)	BeO, MgTe	$^+0,225 <$ r /r-$<0,414$	[4]/[4] Tetraedro

$^{+-}$À medida que o raio do catião aumenta para um dado anião, a relação r /r também aumenta. Quanto maior for o catião, mais aniões pode rodear e a sua coordenação aumenta de 4 para 8.

111. Tipo de estrutura AB2 / A2B ou MX2/ M2X

111.1. Estrutura do tipo CaF2 (flúor)

$^{2+2+++}$-Uma vez que os raios iónicos dos iões Ca e F- são: r(Ca^{2+}) =1,12 A e r(F-)=1,31 A, a relação r / r- = 0,855 A está dentro da gama de estabilidade do tipo estrutural CsCl (0,732 < r / r < 1). $^{-2+}$ No entanto, se a estrutura do CaF2 fosse do tipo CsCl, a rede elementar conteria um anião F (no vértice da rede) e um catião Ca (no centro da rede): a neutralidade eléctrica não seria, portanto, respeitada.

$^{2+2+}$-Uma vez que existem tantos sítios cúbicos como aniões F- numa rede cúbica simples e que a neutralidade eléctrica implica a presença de duas vezes mais átomos de flúor do que átomos de cálcio, a taxa de ocupação destes sítios pelos catiões Ca deve ser apenas de 50%: os catiões Ca ocupariam metade dos 8 sítios de coordenação formados pelos aniões F.

Os iões de cálcio **Ca** formam uma rede cúbica c.f.c. de arete a.

Os iões fluoreto **F** ocupam todos os sítios tetraédricos na rede c.f.c..

• Número de iões por malha :

$^{-2+}$Existem 8 sítios tetraédricos por malha, ou seja, 8 F por malha e 4 Ca por malha.

• Coordenadas reduzidas

Origem no anião :

$^{2+}$**Ca** : (0 0 0) (1/2 1/2 0) (1/2 0 1/2) (0 1/2 1/2)

$^{-}$F : (3/4 1/4 1/4) (1/4 3/4 1/4) (1/4 1/4 3/4) (3/4 3/4 3/4) (1/4 1/4 1/4) (3/4 3/4 1/4) (3/4 1/4 3/4) (1/4 3/4 3/4)

• Coordenadas:

$^{-2+2+}$-Coordenação do anião em relação ao catião (coordenação do catião em relação ao anião) := F / Ca = [4] e Ca / F = [8].

Coordenação de l'anião em relação a l'anião (coordenação de catião em relação a catião) = [12].

O Na2O tem uma estrutura anti-fluorina na qual os catiões e aniões desempenham papéis opostos aos do CaF2.

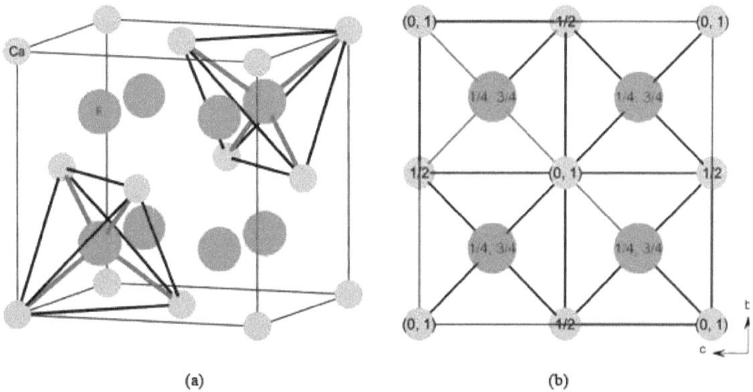

Representação em perspetiva de uma malha elementar da estrutura de CaF2; (b) Projeção da malha de CaF2 no plano (bc).

111.2. Estrutura do tipo Na2O (anti-fluorina)

Existe uma estrutura anti-flúor correspondente aos sólidos do tipo M_2X: deriva da estrutura do flúor por permutação das posições dos aniões e catiões. É o caso dos óxidos, sulfuretos, selenetos e teluretos de lítio, sódio e potássio, bem como dos óxidos de Cu_2S, Cu_2Se

Os iões O^{2-} substituem os iões Ca^{2+}, formando uma rede CFC. Os iões Na^+ substituem os iões F- que ocupam todos os sítios tetraédricos, ou seja, o centro de todos os pequenos cubos de a/2 arete: formam assim uma rede cúbica simples de a/2 parâmetro de malha.

A coordenação do catião Na^+ é, portanto, 4, e a do anião O^{2-} é 8: trata-se de uma coordenação 4-8. A estrutura, com 8 catiões Na^+ e 4 aniões O^{2-} por célula, tem portanto 4 unidades Na2O por célula.

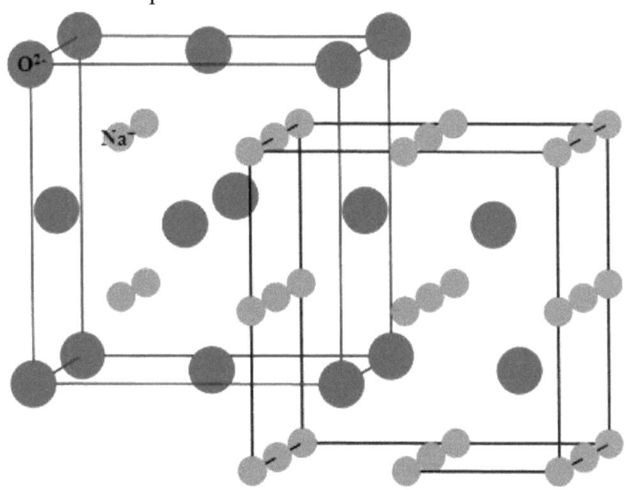

Referências :

[1] Shannon, R. T., & Prewitt, C. T. (1970). Valores revistos dos raios iónicos efectivos. *Ata Crystallographica Section B: Structural Crystallography and Crystal Chemistry*, *26*(7), 1046-1048.

Cristais covalentes

45

CAPÍTULO 4

Cristais covalentes

I. Coesão do cristal covalente

Os átomos estão ligados por ligações covalentes para formar uma macromolécula uni, bi ou tridimensional.

II. Carbono diamante

[3]Nesta estrutura, os átomos de carbono são híbridos sp do tipo AX4, cada um dos quais está colocado no centro de um tetraedro cujos vértices são ocupados por quatro outros átomos de carbono, que estabelecem quatro ligações covalentes C-C com o átomo de referência. A distância mais curta entre dois átomos de carbono é de **154 pm**.

A estrutura do diamante resulta do entrelaçamento de duas matrizes de pontos cfc deslocados por um quarto de uma grande diagonal. O padrão é então um átomo de carbono, localizado num iHL'ud de cada um dos conjuntos de pontos. **Os átomos de carbono são empilhados num padrão cúbico de face centrada, ocupando metade dos sítios tetraédricos**. Há, portanto, 4 + 4 = **8 átomos de carbono por malha**. **A coordenação** do carbono é igual a **4**.

Esta estrutura é semelhante a uma estrutura de tipo mistura. O cristal é mostrado em vista explodida e no plano (010).

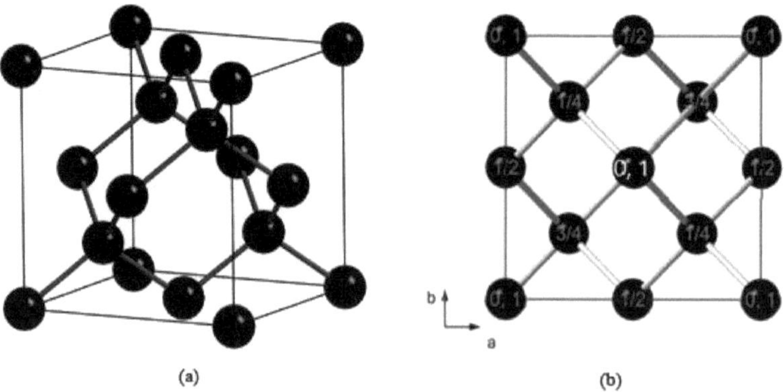

(a) Coordenação tetragonal no diamante; (b) Cristal de diamante: projeção no plano (010).

A compacidade de um diamante escreve-se :

$$C = \frac{8 \times \frac{4}{3}\pi r_c^3}{a^3} = 0,34 \text{ avec } (2r = a\sqrt{3}/4)$$

A densidade é escrita como :

$$\rho = \frac{ZM_c}{N_A.a^3} = \frac{8 \times 12}{6,022.10^{23}.(a(cm))^3} = (\text{g.cm}^{-3})$$

Os diamantes são extremamente duros. Tem também um brilho excecional.

[3]devido ao elevado valor do seu índice de refração, ligado à natureza da

interação covalente entre os átomos (temperatura de fusão muito elevada (3600°C); dureza muito elevada; densidade elevada (3,51g/cm). No entanto, o diamante é relativamente frágil. É também um isolante elétrico absoluto. Em contrapartida, o silício, que cristaliza numa estrutura semelhante, é um semicondutor.

III. Carbono grafite

A rede de carbono grafítico é constituída por folhas regularmente espaçadas e deslocadas, formando uma estrutura lamelar (fig. a)).

[2]Nestas folhas, os átomos de carbono são híbridos do tipo AX3 e estão colocados nos vértices de hexágonos regulares com uma dimensão de 142 pm. Apenas 3 dos carbonos de um anel num plano se projectam sobre os carbonos do plano seguinte, os outros 3 projectam-se no centro do hexágono. $(\widehat{CCC})$

Coordenação dos carbonos = 3: cada átomo de carbono está rodeado por 3 átomos situados no mesmo plano, o ângulo entre duas ligações é de 120° (fig. b)).

Os planos são mantidos juntos por interacções de Van der Waals. Estes planos podem deslizar uns sobre os outros (propriedades lubrificantes). Os electrões não híbridos formam uma orbital molecular distribuída por toda a folha. Isto confere à grafite uma elevada condutividade eléctrica no plano da folha. A condução numa direção perpendicular às folhas é muito baixa.

A projeção da estrutura do carbono grafítico e uma malha elementar da sua estrutura no plano (ab) são mostradas nas figuras (a), (b) e (c).

A relação entre o parâmetro de malha a e o raio do átomo de carbono r_c é explicada na figura (d).

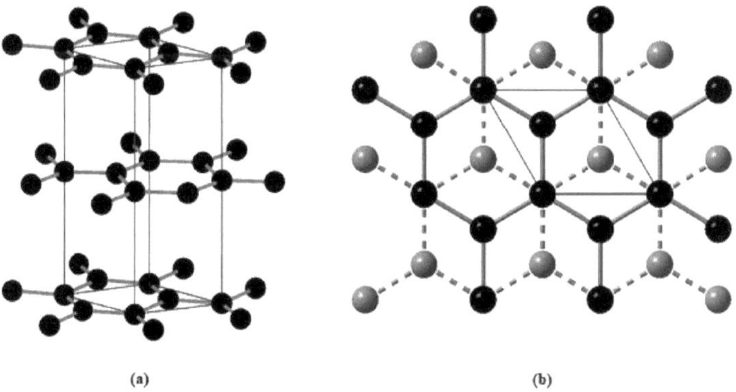

(a)   (b)

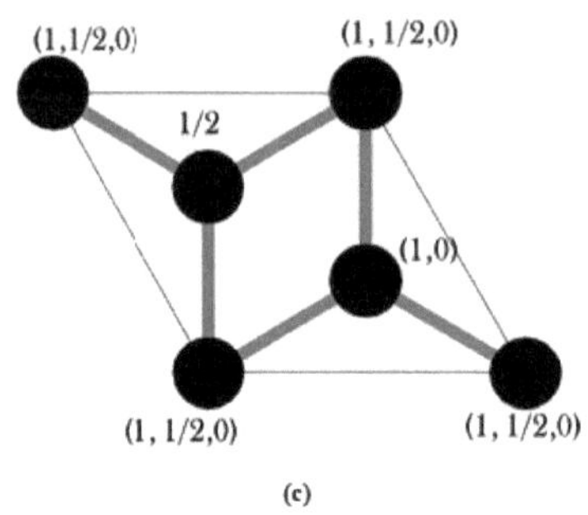

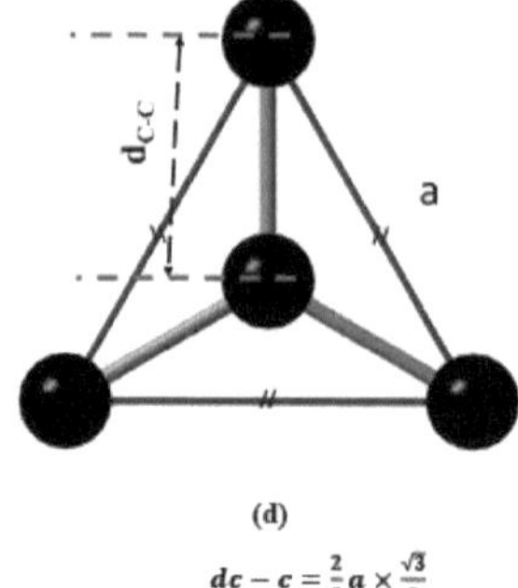

$$dc - c = \frac{2}{3}a \times \frac{\sqrt{3}}{2}$$

$$\Rightarrow a = \sqrt{3} \times d_{c-c} = \sqrt{3} \times 2R_c$$

- Parâmetros da malha: a = 1,42 A e c = 6,79 A - Multiplicação^ da malha: m = 4x1/6 +4x1/12 +2x1/3 +2x1/6 + 2x1/2+ 1 = 4 átomos de osso da orelha.

Posições atómicas: **(0 0 0) ;** **(2/31/3 0) ;** **(0 0 1/2) ;** **(1/3 2/31/2).**

- Compacidade

$$C = \frac{Z \times \frac{4}{3}\pi \times R_C^3}{a^2 \times c \times \sin(\frac{2\pi}{3})}$$

$$C = \frac{1 \times (4 \times \frac{4}{3}\pi \times (0,71)^3)}{(2,459)^2 \times 6,7 \times \frac{\sqrt{3}}{2}} = 0,17$$

Densidade :

$$\rho_{graphite} = \frac{Z \times M(C)}{N_A \times a^2 \times c \times \sin(\frac{2\pi}{3})}$$

$$= \frac{1 \times (4 \times 12)}{6,023 \times 10^{23} \times (2,459 \times 10^{-8})^2 \times 6,7 \times 10^{-8} \times \frac{\sqrt{3}}{2}}$$

$$= 2,2 \ g.cm^{-3}$$

Volume molar :

$$V_M = \frac{V_{maille}}{quantité \ de \ matière} = \frac{(2,459 \times 10^{-10})^2 \times 6,7 \times 10^{-10} \times \frac{\sqrt{3}}{2}}{(\frac{4}{6,023 \times 10^{23}})}$$

$$= 5,28 \times 10^{-6} \ m^3.mol^{-1}.$$

Nota

A grafite é a variedade alotrópica estável do carbono em condições normais a 298 K. Por aquecimento sob alta pressão, a grafite transforma-se em diamante. A transformação ocorre a cerca de 2000 K, sob 1500 bar. Fornece diamantes industriais.

I want morebooks!

Buy your books fast and straightforward online - at one of world's fastest growing online book stores! Environmentally sound due to Print-on-Demand technologies.

Buy your books online at
www.morebooks.shop

Compre os seus livros mais rápido e diretamente na internet, em uma das livrarias on-line com o maior crescimento no mundo! Produção que protege o meio ambiente através das tecnologias de impressão sob demanda.

Compre os seus livros on-line em
www.morebooks.shop

Printed by Books on Demand GmbH, Norderstedt / Germany